湖北省抗洪抢险关键技术研究

HUBEI SHENG KANGHONG QIANGXIAN
GUANJIAN JISHU YANJIU

李安强 徐涛 彭兴 等 / 著

图书在版编目（CIP）数据

湖北省抗洪抢险关键技术研究 / 李安强等著． -- 武汉：长江出版社，2023.11
　ISBN 978-7-5492-8921-9

　Ⅰ．①湖… Ⅱ．①李… Ⅲ．①防洪工程-研究-湖北 Ⅳ．①TV8

中国国家版本馆CIP数据核字（2023）第236550号

湖北省抗洪抢险关键技术研究
HUBEISHENGKANGHONGQIANGXIANGUANJIANJISHUYANJIU

李安强等　著

责任编辑：	郭利娜　张晓璐
装帧设计：	王聪
出版发行：	长江出版社
地　　址：	武汉市江岸区解放大道1863号
邮　　编：	430010
网　　址：	https://www.cjpress.cn
电　　话：	027-82926557（总编室）
	027-82926806（市场营销部）
经　　销：	各地新华书店
印　　刷：	武汉新鸿业印务有限公司
规　　格：	787mm×1092mm
开　　本：	16
印　　张：	11.5
字　　数：	280千字
版　　次：	2023年11月第1版
印　　次：	2023年11月第1次
书　　号：	ISBN 978-7-5492-8921-9
定　　价：	108.00元

（版权所有　翻版必究　印装有误　负责调换）

前言 PREFACE

"水兴则邦兴,水安则民安",防汛抗洪事关人民群众生命财产安全,事关经济社会发展大局,是治水兴邦的重大课题。自新中国成立以来,党中央、国务院高度重视防汛抗洪工作,始终坚持人民至上、生命至上,适应各个时期党和国家中心工作需要,不断优化调整治水方针、思路和主要任务,以治水成效为高质量发展提供有力支撑。党的十八大以来,习近平总书记专门就保障国家水安全发表重要讲话,并提出"节水优先、空间均衡、系统治理、两手发力"的治水思路,引领水利改革发展步入了快车道。"两个坚持、三个转变"防灾减灾新理念对做好新时期的防汛抗洪工作提出了更新和更高的使命要求,强调要对可能出现的极端情形进行科学分析研判,需从注重灾后救助向注重灾前预防转变,更加突出防范洪水灾害风险和消除防洪隐患。

2020年8月至2022年12月,长江勘测规划设计研究有限责任公司联合长江地球物理探测(武汉)有限公司、长江水利委员会长江科学院等单位,依托湖北省重点研发计划项目"湖北省抗洪抢险关键技术研究与示范"(项目编号:2020BCA083),以解决传统人工抗洪抢险工作量大、效率低等难题和提升堤防隐患排查与应急处置效率为总目标,围绕堤防危险性智能探测技术与装备、堤防水下巡检机器人、堤防险情及运行维护管理知识库和堤防渗漏应急封堵新材料和新工艺等方面展开研究,为提升湖北省防洪减灾能力提供技术支撑,取得了以下成果。

(1)堤防危险性智能探测技术与装备研发

研发了集光、机、电于一体的无人机载多目光电吊舱,可见光图像与红外图像快速识别与精确测量方法,基于高性能无人机搭载实现10m飞行高度下速度为25km/h的快速巡检,解决了堤防险情隐患目标的大范围快速排查与预警难题;研究了管状渗漏、层状渗漏、裂隙等堤防隐患地球物理电法正演响应特征，揭示了堤防不同类型险情隐患状态及时移电性参数与成像特征之间的映射关系，提升了堤防险情隐患详查的识别精度；研发了分布式时移电法探测装备，提出了时移电法数据时—空混合正则化反演算法，解决了时移电法数据高效采集与精细反演成像难题；形成了空—地协同的堤防危险性智能探测技术与装备，实现了堤防险情隐患大范围快速排查和动态监测。

（2）堤防水下巡检机器人研发

根据水下快速巡检需求，提出水下巡检机器人系统设计架构，并对框架结构、摄像灯光系统、电子仓及传感器系统、水下推进器系统和缆轴系统等水下机器人主体结构进行深入的研究设计，根据水下巡检机器人功能开发了人性化的控制系统和交互界面，通过集成侧扫声呐和多波束图像声呐，实现了对堤防迎水面的快速巡检。基于研发的水下机器人平台和声学、光学探测设备，研究提出侧扫声呐进行广域险情普查、高清摄像示踪精确详查的声光一体堤防快速巡查技术，该技术涉及多个专业、多种技术手段，自身相互验证，检测成果准确、可靠、丰富、直观。

（3）堤防险情及运行维护管理知识库研究

构建了堤防险情运行维护知识库，达成了堤防出险事故解决方案的快速响应，实现了堤防险情识别、处理及资源调配的全过程快速动态处理。构建堤防致灾风险因子，通过考虑权重的评价指标体系对不同堤段的致灾风险进行评估；采用构建的评价指标体系对观测或识别的堤防险情段开展安全风险动态评估，根据出险堤段不同的风险等级启动不同的险情响应处理机制；构建基于堤防险情运行维护数据库的险情风险可视化系统，并建立手机移动端传输端口，获取堤防历史险情处理方案；出险堤段及处理方案同步输入堤防险情运行维护知识库保持实时动态更新，提高了数据的准确性和数据传输的及时有效性，为更好地进行数据分析和预测提供科学的数据依据。

（4）堤防渗漏应急封堵新材料和新工艺研究

进一步探讨了管涌的抢护原则和方法，建立了一套新型反滤围井构筑工艺。现场试验表明，反滤围井各构件体积与重量小，能就地取材、组装方便、适应不同的地形条件;围井反滤层设置后围井内出水清澈,而且围井自身透水性好,能最大限度地排泄水并降低渗透压力,周边地基土体未出现膨胀等不良现象。通过室内模型试验模拟了堤防渗漏的过程,得出了不同填充物的土石沙袋对堤防渗漏迎水面封堵效果的差异。

本书是以上科研成果的总结。全书分为6章,由李安强、徐涛、彭兴等担任主编。第1章"概述"由李安强、彭兴、马祺瑞撰写,第2章"堤防危险性智能探测技术与装备研发"由徐涛、苏婷、王科撰写,第3章"堤防水下巡检机器人研发"由田金章、贾强强撰写,第4章"堤防险情及运行维护管理知识库研究"由彭兴、马祺瑞、邹晓蕾撰写,第5章"堤防渗漏应急封堵新材料和新工艺研究"由李凌云、邹骥、胡小龙、彭文祥撰写,第6章"结论"由李安强撰写。

受著者水平和写作时间所限,书中难免有不当之处,诚望得到读者批评指正。我们将认真吸取各方面的意见与建议,不断完善。

著 者
2023年8月

目录

第1章 概述 ... 1
1.1 研究背景与意义 ... 1
1.2 国内外研究现状 ... 2
1.2.1 堤防危险性智能探测技术与装备研发 ... 2
1.2.2 国内外水下机器人及堤防缺陷水下检测技术现状 ... 4
1.2.3 堤防险情及运行维护管理知识库研究 ... 18
1.2.4 堤防渗漏应急封堵新材料和新工艺研究 ... 24
1.3 研究目标和内容 ... 25
1.3.1 研究目标 ... 25
1.3.2 研究内容 ... 25

第2章 堤防危险性智能探测技术与装备研发 ... 28
2.1 堤防险情无人机巡检技术与装备研究 ... 28
2.1.1 堤防无人机巡检技术研究概述 ... 28
2.1.2 堤防无人机巡检装备设计研发 ... 28
2.1.3 可见光图像缺陷快速识别与精确测量方法 ... 35
2.1.4 渗漏区域红外识别方法 ... 40
2.1.5 堤防无人机巡检系统测试 ... 43
2.2 堤防险情时移电法探测技术与装备研究 ... 47
2.2.1 堤防险情时移电法探测技术概述 ... 47
2.2.2 堤防险情隐患电性响应特征研究 ... 48
2.2.3 堤防时移电法探测观测系统研究 ... 57

	2.2.4	堤防时移电法探测装备研发	60
	2.2.5	时移电法数据反演方法研究	69
2.3	应用案例		88
	2.3.1	无人机巡检技术与装备测试	88
	2.3.2	时移电法探测技术与装备测试	94
2.4	本章小结		98

第3章 堤防水下巡检机器人研发 … 99

3.1	堤防水下巡检机器人		99
	3.1.1	技术要求分析	99
	3.1.2	水下巡检机器人集成系统设计	100
	3.1.3	堤防水下巡检机器人主体设计	101
	3.1.4	堤防水下巡检机器人控制系统设计	108
	3.1.5	快速巡检系统研究	109
3.2	堤防快速巡检技术研究		117
	3.2.1	技术原理	117
	3.2.2	技术指标及特点	118
3.3	应用案例		119
	3.3.1	室内测试	119
	3.3.2	水库测试	119
	3.3.3	现场应用	121
3.4	本章小结		124

第4章 堤防险情及运行维护管理知识库研究 … 125

4.1	研究背景及技术路线		125
4.2	知识库平台搭建		127
	4.2.1	长江流域防洪工程体系	128
	4.2.2	构建历史堤防险情案例知识库	133

4.3 堤防险情智能探测与动态评估 ··· 134
  4.3.1 堤防危险性智能探测与评价 ··································· 134
  4.3.2 堤防险情动态评估 ··· 137
4.4 《堤防防汛抢险技术手册》 ··· 140
4.5 应用案例 ··· 143
4.6 本章小结 ··· 145

第5章 堤防渗漏应急封堵新材料和新工艺研究 ······················· 146

5.1 堤防渗漏险情现象模拟研究 ·· 146
  5.1.1 试验装置 ··· 146
  5.1.2 试验材料的选取 ··· 146
  5.1.3 试验成果 ··· 148
5.2 堤防渗漏险情封堵材料 ··· 151
  5.2.1 常见堤防封堵材料 ··· 151
  5.2.2 常见堤防封堵材料选取 ·· 152
  5.2.3 堤防渗漏险情封堵材料改进 ··································· 157
5.3 堤防背水侧管涌抢险新工艺研究 ······································· 161
  5.3.1 管涌产生的原因及机理研究 ··································· 161
  5.3.2 管涌险情的判别研究 ··· 162
  5.3.3 管涌的抢护原则和抢护方法研究 ······························ 163
  5.3.4 管涌快速抢护反滤围井技术研究 ······························ 163
5.4 本章小结 ··· 168

第6章 结论 ··· 170

参考文献 ··· 172

第 1 章　概　述

1.1　研究背景与意义

湖北省是全国水利大省,洪涝灾害历来十分频繁、严重。2018 年、2019 年湖北长江干堤和主要支流堤防发生散浸和管涌等险情分别共计 40 处、29 处,若险情处置不当,将会给保护区经济发展带来严重灾害。湖北正加快建成中部地区崛起重要战略支点,随着湖北步入高质量发展新阶段,社会财富和人口沿江聚集度越来越高,风险越来越大,为保障人民生命财产安全,提升抗洪抢险能力需求也越来越迫切。

2017 年习近平总书记提出"两个坚持,三个转变"的新时期防灾减灾理念,即要坚持以防为主、防抗救相结合,坚持常态减灾和非常态救灾相统一,努力实现从注重灾后救助向注重灾前预防转变,从减少灾害损失向减轻灾害风险转变,从应对单一灾种向综合减灾转变。然而当前堤防隐患监测检测、应急决策和抢险处置仍以常规设备、既有经验和传统工艺为主,隐患监测检测的精确性、应急决策的准确性以及抢险处置的成效性难以保障。

2020 年新冠疫情暴发后,习近平总书记指出,要健全国家应急管理体系,提高处理急难险重任务能力。这对抗洪抢险处置提出了更高的要求。相关部门亟须在堤防水上水下隐患监测检测、应急决策、抢险封堵新材料与新工艺等方面展开系统研究,提高堤防险情隐患排查、应急决策和抢险处置能力和水平,为提升湖北省防洪减灾能力、保障人民生命财产安全和社会经济可持续发展提供技术支撑。

在堤防隐患水上天—地联合探测方面,堤防土体声波波速和电阻率低,且其物性易受水位影响,靠瞬时探测难以准确判断隐患。国内有人提出由地球物理检测到监测转变的思路,但系统研究较少;国外堤坝大多采用混凝土结构,隐患风险相对较少,未见相关隐患探测预警技术系统研究。此外,堤防巡检目前还以人工为主,工作量大、效率低、隐患发现不及时,亟须在隐患实时监测检测及无人巡检方面开展天—地联合探测技术研究,提高探测精度与巡检效率。

国外在堤防水下检测和巡查机器人系统方面的研究较早,已形成系列化的水下机器人检测系统,但技术更新慢、技术适应性差、维护检修昂贵。我国"863"计划成立"堤坝安全检测水下机器人"项目,但该机器人体积重量较大、系统集成度不高、航行速度约 1.5 节,难以在高流速、低能见度条件下进行堤防检测快速部署和高效检测。因此,如何解决动水环境下机器人定点检测及稳定巡航和低能见度条件下堤防隐患快速检测问题,是目前堤防隐患检测与灾害预防的迫切需求。

在堤防应急抢险决策方面,目前水利部门初步建立了基础地理数据库、管理数据库、监测数据库等水利业务数据库,但数据冗杂、相对割离,无法满足智能化决策需求。数据融合为解决数据标准化提供了有效途径,其在军事、金融、交通等领域已被广泛应用,但在堤防中的应用较少。此外,如何建立知识库,利用人工智能技术充分挖掘各类数据之间的关联,实现堤防安全动态评估,及时识别堤防险情并给出处理方案,也是堤防应急抢险决策中需要解决的一大难题。

目前,汛期应急抢险主要依赖于传统技术和人海战术,机械化、装备化程度较低,效率有待提高。传统管涌抢险措施是筑井导渗、蓄水反压或压盖,但围井结构复杂、施工效率低;漏洞一般采用软性材料堵塞、网兜薄板覆盖及抢筑戗堤等方法处理,但其入口抛填物抗冲走能力弱、施工难度大、堵口效率低且渗漏通道不能快速有效封堵。因此,有必要针对管涌和漏洞的特性研究快速抢险封堵的新材料和新工艺。

基于上述分析,本书围绕堤防危险性智能探测、堤防水下巡检机器人、堤防险情及运行维护知识库和堤防渗漏应急封堵新工艺和新材料等抗洪抢险关键技术展开研究,解决传统人工抗洪抢险工作量大、效率低等难题,提升堤防隐患排查与应急处置效率,形成自主知识产权和核心技术,为提升湖北省防洪减灾能力提供技术支撑。

1.2 国内外研究现状

1.2.1 堤防危险性智能探测技术与装备研发

我国堤坝探测研究始于20世纪80年代。当时山东省水利科学研究所采用电法进行堤防工程质量评估,率先在国内开展了堤坝隐患探测技术的应用与研究,并于1985年形成了一套电法综合探测系统。20世纪90年代后,"堤防隐患探测技术研究"被列入国家重点科技攻关项目和水利部、能源部等部委重大科技攻关项目[1,2]。2000年9月,国家防汛抗旱总指挥部办公室等单位在郑州召开全国堤坝隐患及渗漏探测技术研讨会。2000年"洪水特性与减灾方法研究"被列入国家自然科学基金委员会与水利部长江水利委员会重大资助项目,其中的课题"堤防破坏机理和安全评价"就包括了堤防隐患快速无损探测与评价方法。

在堤坝险情探测技术系统研究方面,郑灿堂[3]通过测量自然电位场分布规律,确定渗漏隐患的位置、埋深和流向。薛敏等[4]采用并行电法测试技术,设计了一套堤坝隐患快速电法测试系统。房纯纲等[5]率先将瞬变电磁法应用于堤坝渗漏隐患探测,并研究了堤防物性参数与土性参数之间的相关关系,建立了探测背景物理场。冷元宝等[6]用瞬变电磁法普查了软弱层分布范围。基于水流场与电流场的相似性,何继善院士发明了用于检测堤坝管涌渗漏入水口的"流场法"[7,8]。邹声杰[9]系统研究了流场拟合法的基本理论、数值物理模拟试验及实际工程应用。白玉慧等[10]运用探地雷达、高密度电阻率法(以下简称"高密度电法")和瑞雷面波法对堤防防渗墙进行了现场检测,并与钻孔取芯的检测结果进行比对分析。陆俊等[11]采用探地雷达法和高密度电法等对堤坝白蚁巢穴进行了探测。石明等[12]应用探地雷达、高密度电法、地震勘探等综合物探方法对大源渡堤防质量进行了检测。杜华坤等[13]通过对堤坝渗漏监测的数值进行模拟研究,分析了高密度电法勘探在江河水位上涨过程中堤坝视电阻率的变化特征,总结出根据渗漏通道视电阻率异常范围的相对变化来研究渗漏通道走向的可能性。在2016年鄱阳湖圩堤防汛抢险中,万怡国等[14]采用在堤坝的迎水面和背水面平行布置高密度电法测线,观测不同时段迎水面、背水面电阻率延时变化,对比分析两条测试断面的电阻率分布特征及变化趋势,推测渗漏通道的埋深和走向,钻孔验证与物探推断结论吻合。随着技术发展,地面核磁共振[15,16]、示踪法、红外成像、测温法和多波束法等均被用于堤防隐患探测中。在基础研究领域,国内许多单位从堤防土体的组分结构、含水率、密实度等与地球物理参数的相关关系研究入手[17],寻找含水率发生变化后堤防典型隐患演变为渗漏、管涌、流土的临界物性参数变化特征,以此实现对典型隐患演变规律的分析研究。白广明等[18]在对黑龙江省九龙水库堤坝土样模拟研究中,分析了浸润线上、下部位电阻率和含水率的关系以及电阻率与土体密实度关系等。

国外对堤坝隐患探测技术进行过系统研究的只有美国、日本、德国、瑞典和意大利等国家。美国陆军工程师团曾对密西西比河护坡隐患探测开展系统研究,意大利、日本采用弹性波层析成像技术对混凝土大坝进行质量检测。瑞典在土坝渗漏监测方面做过很多的工作,所用到的地球物理方法包括高密度电法、分布式光纤温度测量系统、探地雷达等。Rozycki等[19]采用电法探测土坝内部水平破碎区域。Johansson和Dahlin[20]开发了基于电阻率变化的土坝监测系统与评价方法。Sjödahl等[21]将高密度电法用于土坝渗漏和侵蚀检测。Cho和Yeom[22]应用电阻率层析成像CT确定土坝渗漏通道。Andersson等[23]应用探地雷达探测土坝内部侵蚀。德国和瑞典进行了将分布式光纤温度测量系统用于堤防渗漏探测的研究。

在堤坝险情巡检方面,通过无人机搭载摄像头开展裂缝巡检和出水点检测是近年来的主要研究内容。但在大量数据中如何实现裂缝的人工智能识别是一个关键问题。随着数字图像处理技术的发展,国内外学者提出了多种裂缝检测方法。Khan等[24]选用Gabor滤波器来增强图像的裂缝区域,但该方法对图像噪声较为敏感,误检率较高。满丌等[25]采用top-hat变换的方法对图像裂缝区域进行增强,然后通过梯度矢量流(Gradient Vector Flow, GVF)下的snake模型对图像中裂缝的边界进行追踪,获得裂缝的完整区域,但该方法同样对图像噪声较为敏感。红外热像法利用待测物体表面渗漏与非渗漏区域的温度差异实现渗漏水检测,具有形象直观、准确率高、无污染等优点,得到了广泛的应用,尤其伴随着计算机技术和无人机技术的快速发展,机载红外巡检技术得到了迅速发展。但是,目前红外热像法在堤坝渗漏检测领域的应用较少,且对堤坝红外图像的数据处理方法相对简单,当渗漏区域与完好区域温差相对较小时,容易出现误检现象,尤其在杂草、树木等严重干扰条件下,渗漏区域的准确识别有着巨大挑战,亟待研究适用于堤坝渗漏快速巡检的红外准确识别新技术。

1.2.2 国内外水下机器人及堤防缺陷水下检测技术现状

(1)国内外水下机器人技术现状

1)水下机器人简介

目前用于水下观测、考察和作业的主要工具统称为水下潜水器,分为载人潜水器、载人与无人两用潜水器和无人潜水器,分类如图1-1所示。

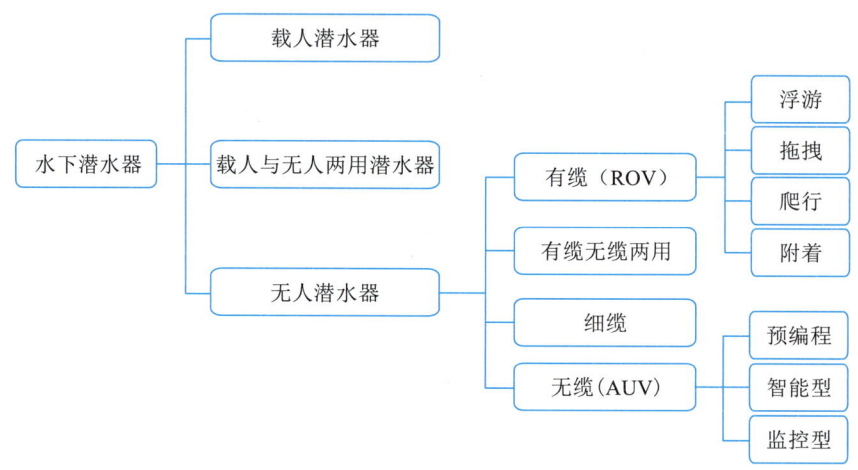

图1-1 水下潜水器的分类

载人潜水器通过潜水器内的驾驶员操纵潜水器运行,主要是替代潜水员在深海中进行潜水作业,可进行海洋考察、打捞、水下作业和救生。从发展历史来看,由于载人潜水器具有极大的危险性,相应的体积和重量都很大,因此将人的安全保障放在首位,必须配备复杂的运载、布放和救生系统,且其使用受到很大的限制。

无人潜水器又称为水下机器人,分为有缆潜水器(即无人遥控潜水器,ROV)、无缆潜水器(即自治水下机器人,AUV)、细缆潜水器和有缆无缆两用潜水器等。ROV与水面母船之间由脐带缆(光纤或电缆)连接,脐带缆既向下传输动力又实时双向传输控制信号(由水面母船至ROV)和数据/图像(由ROV至水面母船)。而AUV与水面母船之间则没有物理连接,依靠自身携带的动力以及机器的智能自主航行。

无人探测方面,由于深海探测机器人结构要承受深海的巨大压力,用于深海探测的机器人一般都是使用大型的AUV或ROV。两者结构复杂,重量大,对各个部件的要求也非常高。2004年5月,脐带缆的断裂导致了曾创下世界潜水深度纪录的日本"海沟号"深潜器在太平洋海底作业时失踪。

用于浅水水域的水下机器人系统不同于深海探测机器人,一般都具有体积小、重量轻的特点,由水下机器人系统、探测与处理系统、动力系统和收放系统4个部分组成。其中,水下机器人系统,包括潜水器本体、运动和姿态控制系统;探测与处理系统,包括照明、环境分析传感器、摄像机和声呐图像探测、数据处理、传输与显示系统,机械手及其控制等;动力系统,AUV是电池能源系统供电,ROV则是脐带缆供电;收放系统,即用于收放脐带缆的卷盘车、吊车。

对于浅水水域而言,小型的ROV和AUV小巧灵活,便于布放和使用,AUV还有一些关键技术问题尚待解决。如何提高其安全可靠性、通信能力和持久力,尤其是避免丢失,是当前面临的重大问题。因此具有良好的人机交互控制性能、实时探测和处理能力强的ROV仍将是浅水水域水下机器人应用的主流。

2)国外水下机器人技术现状

国外水下机器人技术的发展主要以美国、日本以及西方发达国家为代表。它们的技术发展几乎可以代表目前世界上水下机器人技术的发展水平,在深潜水下机器人、观察型水下机器人和无人自治潜水器等领域取得了突出成就。

① 深潜水下机器人。

长期以来,美国在潜水器领域的技术最为先进,并引领着潜水器的发展方向。第一台真正意义上的ROV是1960年美国研制的CURV1,其因在西班牙外海与载人潜水器合作打捞起一颗失落在海底的氢弹而名噪一时。第一台商用ROV(RCV-225,图1-2)是美国著名的系缆式无人潜水器之一,主要用于近海开发作业。它长66cm,宽51cm,高51cm;空气中重量82kg;有4个推进器,可前进和后退,航行速度为1节,上下速度为0.5节;下潜深度可达2000m。潜水器的动力电源为交流电,三相220V/50~60Hz或440V/50~60Hz。

 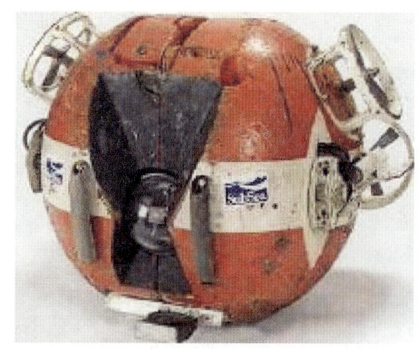

图1-2 第一台商用ROV

由美国海军研究生产的Phoenix AUV和性能更优越的Aries AUV,主要用于研究智能控制、规划与导航、目标识别等技术;麻省理工学院研制的智能机器人OdysseyⅡ主要用于海冰下的检测和标图;斯坦福大学研究OTTER的目的是使其成为科学和工业界在开发海洋的一种常用工具;美国新罕布什尔州自主水下系统研究所与俄罗斯远东科学院水下技术研究所联合开发出太阳能自主水下机器人,其最终目的是开发一艘具有超过一年续航力的太阳能自主水下机器人。

美国伍兹霍尔海洋研究所(WHOI)研制的 Jason 号系列 ROV 是一种双体系统,它由 ROV 本体和中继站两个部分组成。第一代 Jason 型 ROV 于 1988 年投入使用,最大可下潜至 6000m 的深度,先后在太平洋、大西洋等海域完成了数百次下潜,下潜时间最长可达 100h,平均下潜作业时间 21h。2002 年第二代 Jason 型 ROV(图 1-3)研发成功,最大下潜深度为 6500m,其性能指标更加突出,作业技术更加先进,已取得丰硕的科学研究与应用成果。

图 1-3　WHOI 研发的 Jason 型 ROV

由 WHOI 设计的混合型遥控潜水器(HROV),即"海神号"(Nereus,图 1-4),于 2009 年 5 月 31 日完成了对太平洋马里亚纳海沟的极深挑战,成功下潜至 10902m 深处。

图 1-4　WHOI 研发的"海神号"HROV

日本凭借其智能机器人先进技术的优势,在水下机器人方面也取得了突跃式的进步,并且成为这个领域的佼佼者。智能水下机器人是将人工智能、自动控制、模式识别、信息融合与理解、系统集成等技术应用于传统的载体上,在无人驾驶的情况下自主地完成复杂海洋环境中预定任务的机器人。日本对于无人有缆潜水器的研制比较重视,正在实施一项包括开发先进无人遥控潜水器在内的大型规划。这种无人有缆潜水器系统在遥控作业、声学影像、水下遥测全向推进器、海水传动系统、陶瓷应用技术、水下航行定位和控制等方面都有新的开拓与突破。这项工作的直接目标是有效地服务于水深200m以内的油气开采业,完全取代目前由潜水人员完成的危险水下作业。日本海洋研究中心(JAMSTEC)研发的"海沟号"ROV系统如图1-5所示。该潜水器于1995年成功下潜至10970m深的马里亚纳海沟,创造了潜水器最大作业深度的纪录。

图1-5　JAMSTEC研发的"海沟号"ROV

根据欧洲尤里卡EU-191计划,英国、意大利将联合研制无人遥控潜水器。这种潜水器性能优良,能在6000m水深下持续工作250h,性能比当前正在使用的只能在水下4000m深度连续工作12h的潜水器有大幅提升。按照尤里卡EU-191计划,还将建造两艘无人遥控潜水器,一艘为有缆式潜水器,主要用于水下检查维修;另一艘为无人无缆潜水器,主要用于水下测量。这项潜水工程计划将由英国、意大利、丹麦等国家的17个机构参与。

1980年,法国国家海洋开发中心建造了"逆戟鲸号"无人无缆潜水器,最大潜深为6000m。1987年,法国国家海洋开发中心与一家公司合作共同建造"埃里特"声学遥控潜水器,用于水下钻井机检查、海底油机设备安装、油管铺设、锚缆加固等复杂作业。这种声学遥控潜水器的智能程度要比"逆戟鲸号"高许多。

加拿大国际潜艇工程有限公司(International Submarine Engineering, ISE)研发的Hysub系列ROV,功率6~250HP(1HP=0.735kW),下潜深度365~6000m。HYSUB130-

4000ROV 是 ISE 公司为广州海洋地质调查局研发的"海狮号"ROV（图 1-6），作业功率为 130HP，最大作业深度可至 4000m。

图 1-6　ISE 公司研发的"海狮号"ROV

②观察型水下机器人。

小型观察型 ROV 回收方便、操作灵活、使用广泛，通过脐带缆通信大大降低了成本和开发难度，在水下检测、打捞等作业中取得了很好的效果。各国均有成型的观察型 ROV 产品问世，如美国 SeaBotix 公司研制的观察型 ROV LBV150［图 1-7(a)］，空气中质量 10.4kg，最大潜深 150m，搭载有 270°扫描声呐、2 个摄像头、测深器等设备，主要用于浅水港湾警视、堤坝质量检查等；加拿大 Inuktun 公司的超小型 ROV VideoRay Pro［图 1-7(b)］，标准潜深 75m，长 35cm，宽 22.5cm，高 21cm，空气中质量 4kg，搭载有摄像头及扫描声呐等设备，国内多家科研单位购买了该款 ROV 用于浅水作业；英国 AC-CESS 公司 AC-ROV 微型水下机器人［图 1-7(c)］，标准潜深 75m，长 20.3cm，宽 11.2cm，高 14.6cm，空气中质量 3kg，整套系统可放在一个小的水密携带箱中，总重量不超过 18kg，具有较高的灵活性，可进入直径 19cm 的管道，非常便携，它采用矢量推进设计，具有等同于 4 个前推进器和 4 个侧推进器的性能。

  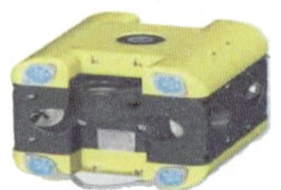

（a）LBV150　　　　　（b）VideoRay Pro　　　　（c）AC-ROV

图 1-7　小型观察型 ROV 产品

③超小型自治潜水器。

近年来,国外对超小型自治潜水器 AUV 的研究与开发予以更多的关注与投入。常见的商用 AUV 下潜深度在 100m 左右,尺寸为几十厘米,航速在 1 节左右,大多搭载有彩色摄像头、扫描声呐等设备。典型的有:美国 WHOI 研制的 AUV 半自治水文侦察潜水器 SAHRV[图 1-8(a)],供海军特种作战部队使用,以完成某些现在由潜水员完成的任务,它在空气中的质量为 36.5kg,尺寸 1.6m×0.19m(长×直径),传感器可搜集 3~150m 水深中的声呐信号、深度及环境数据,特别适用于 3~60m 水深中的目标;美国增强型 AUV REMUS-100 是目前知名度最高也是最成功的超小型水下机器人[图 1-8(b)],它的最大直径 19cm,最大长度 160cm,质量约 37kg,最大潜深 100m;日本东京大学研制的超小型 AUV Tam-egg[图 1-8(c)],长 1.22m,宽 0.58m,高 0.5m,质量 131kg,潜深 100m,装配有 4 个 100W 的推进器,搭载了磁罗经、压力传感器、光纤陀螺、2 个摄像头、4 个声学搜索传感器、2 台 LED 照明灯,适用于对海底复杂结构进行勘查;冰岛 Hafmynd 公司的 GAVIA-AUV[图 1-8(d)]结构紧凑小巧,工作深度可达 2000m,长 1.7m,圆柱体直径 0.2m,质量大于 44kg。

(a) SAHRV

(b) REMUS-100

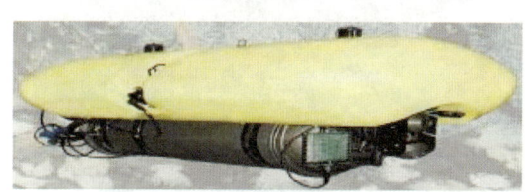

(c) Tam-egg

(d) GAVIA-AUV

图 1-8 超小型 AUV 产品

3)国内水下机器人技术现状

我国从 20 世纪 70 年代开始较大规模地开展潜水器研制工作,起步较其他发达国家晚了很多,但是在过去的几十年内,我国水下机器人技术的发展取得了很大的进步,并且取得了一些重要的成果。我国先后研制成功以援潜救生为主的 7103 艇(有缆有人)、Ⅰ型救生钟(有缆有人)、QSZ 单人常压潜水器(有缆有人)、8A4 水下机器人 ROV(有缆无人)和军民两用的 HR-01 ROV、RECON Ⅳ ROV 及 CR-01A 6000m 水下机器人 AUV(无缆无人)等,使我国潜水器研制达到了国际先进水平。

国内在超小型水下机器人的研究方面也取得了较大进展。例如,研制的"堤坝安全检测水下机器人"装备了最新的水下探测仪器,可用于对堤坝破损和隐患的检测,以及堤坝修复质量的检测和监督;中国科学院沈阳自动化研究所水下机器人研究室研制的超小型水下机器人(长<1m,宽<0.5m,质量约为40kg)可执行自主定深、定向等工作;中国科学院自动化研究所成功开发了一种水面救助机器人,可在恶劣海况下向落水人员快速传送救生圈。我国主要水下潜水器的技术现状如下:

①载人潜水器现状。

面对国际"蓝色公土"的又一轮圈地运动,根据中国大洋协会勘查锰结核、富钴结壳、热液硫化物和深海生物等资源的目标和要求,中船重工(现中国船舶集团有限公司)702所牵头研发了7000m载人潜水器"蛟龙号"载人潜水器(图1-9)。这是一台集多种高新技术、新材料和新工艺于一体的深海作业装备,具有世界上同类型潜水器最大的设计下潜深度——7000m,这意味着该潜水器可在占世界海洋面积99.8%的广大海域使用。它具备多项技术特点:(a)优良的总体航行和工作性能、充分的安全可靠性;(b)针对作业目标稳定的悬停定位能力,为该潜水器完成高精度作业任务提供了可靠保障;(c)先进的水声通信和海底微地形地貌探测能力,可以高速传输图像和语音,探测海底的小目标。2012年6月27日,"蛟龙号"载人潜水器成功下潜至7062m水深,刷新了国际上同类型潜水器的下潜纪录,并实现了生物取样、标志物布防、测深侧扫等多项任务目标。"蛟龙号"载人潜水器实现了我国深海技术发展的新突破和重大跨越,使我国具备了在全球99.8%的海域开展科学研究、资源勘探的能力。

图1-9 中船重工702所牵头研发的"蛟龙号"载人潜水器

②AUV发展现状。

我国从20世纪80年代开始研究海洋无人智能潜水器(AUV和UUV)技术,已经取得了重要的研究成果。20世纪90年代初,中国科学院沈阳自动化研究所等单位与俄罗斯联合在俄罗斯MT-88水下机器人的基础上,针对我国对国际海底资源调查的需要,研制开发了

"CR-01"和"CR-02"型潜深 6000m、续航里程约 50km 的无人无缆潜水器(图 1-10),并成功地将其应用于太平洋某区域的深海考察。其主尺寸为 4.5m×0.8m(长×直径),空气中重量 1500kg,最大速度 2.3 节,最大续航时间 25h,可进行海底地形地貌勘测,海底浅地层剖面测量及海洋要素测量。

2010 年 8 月,在我国"雪龙号"科考船第 4 次北极科考中,由中国科学院沈阳自动化研究所主持研制的北极 ARV(图 1-11),一种集 AUV 和 ROV 技术特点于一身的新概念水下机器人,在北纬 86°50′首次从人工开凿的冰洞中下放、回收,成功实现了在高纬度下的冰下自主导航和自治航行,其搭载的温盐深测量仪(CTD)、仰视声呐、光通量测量仪和两台水下摄像机,获取了大量的含有海冰位置信息的关键科学数据,为深入研究北极海冰快速变化机理奠定了技术基础。

图 1-10 "CR-01"和"CR-02"型潜水器

图 1-11 中国科学院沈阳自动化研究所主持研制的北极 ARV

哈尔滨工程大学水下机器人技术重点实验室经过 20 多年的研究工作,目前已经开发研制出3个系列若干款自主式智能水下机器人,涵盖了大、中、小3个级别,并且率先开展了水下机器人在海洋石油工程的应用实验。其研制的一种新型水下对接系统BSAV-Ⅲ AUV(图1-12),主要用于失事潜艇的援潜救生,它首先采用4个捕捉臂捕捉潜艇的裙口目标,接着自动调节自身的姿态与失事艇救生平台基本平行,实现艇体自动悬停在失事艇上方几米处,然后沿失事艇救生平台的法线方向引导救生艇的对接裙精准对接。

图1-12　BSAV-Ⅲ AUV

③ROV发展现状。

我国从20世纪80年代开始从事ROV的研究与开发工作。经过20多年的发展,目前我国可以生产包括浮游式、爬行式和拖拽式等在内的各种ROV。而且这些由我国自行研制的大中型ROV已经在海洋石油开发和海军防救部门得到了应用。

2003年9月,中国北极科考中我国自行研制的ROV被首次使用,其完成了不同区域海冰厚度、海冰底部形态、温度、盐度的连续测量,使我们第一次看到了北冰洋冰下的景象。

2002年12月,中国科学院沈阳自动化研究所成功研制了我国第一台自走式海缆埋设机——CISTAR,主要用于海底电缆和光缆的铺设,扩展功能后还能完成海底光缆的监测和维修作业。2004年,国家重大科研项目,我国下潜深度最大、功能最强的水下取样型机器人——"海龙号"(图1-13)在上海交通大学水下工程研究所问世。

"海龙号"长3m多,宽和高都为1.8m,在空气中重量为3.25t,不到30min就可以下潜到3500m水深进行作业,可在直径达600m的范围内活动。"海龙号"配备有5台各种性能的摄像机和1台静物监视机,还装有6个常规的水下灯和2个特制的弧光灯,可在水下照射近百米的范围,还可装备声呐在浑浊水中工作。"海龙号"还有2个机械手(7功能与5功能各一个），可以在水面对其进行遥控操作和协调作业，机械手可以举起上百千克的物品。

图1-13 "海龙号"水下机器人

"海马号"（图1-14）是科技部"863"计划支持的重点研制项目，是我国迄今为止自主研发的下潜深度最大、国产化率最高的无人遥控潜水器系统，其研制实现了关键核心技术国产化。国土资源部（现自然资源部）作为该项目的主持部门，其下属广州海洋地质调查局作为业主单位牵头，联合同济大学、上海交通大学、浙江大学、青岛海洋化工研究院和哈尔滨工程大学等国内优势院校、单位共同协作完成研制与海试。

哈尔滨工程大学与甘肃长城水下高技术公司开发了堤坝安全检测水下机器人——TB-1型ROV（图1-15）。该机器人是以模块化水下遥控机器人为载体，以声、光、电磁多种探测和导航传感器构成的具有综合探测能力的堤坝安全检测水下机器人。2005年1月，结合现场要求，TB-1型ROV在长江葛洲坝对坝体6个不同部位进行了性能实测检验和应用性实验，取得了良好的效果。

由于回接任务的需要，爬行式水下机器人也得到了迅速的发展。国内近海养殖、采矿、考古等专业均用到水下爬行机器人，多为定制产品。

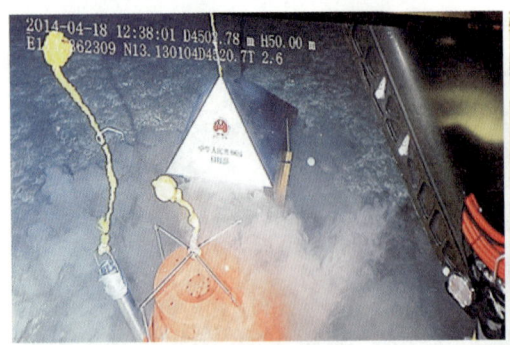 

图 1-14 "海马号"深潜器

图 1-15 TB-1 型堤坝安全检测 ROV

(2)堤防缺陷水下检测技术现状

堤防是在江、河、湖、海沿岸和水库、分蓄洪区等周边修建的挡水建筑物,对抵御洪水,保护人民生命和财产安全具有重要作用。我国是水利大国,目前拥有世界上最多的水库堤坝,水库堤坝总数 9.8 万余座,堤防长度近 45 万 km。但大部分堤防因年代久、质量差、高度低等出现裂缝、疏松、孔洞、渗漏等多种隐患,且由于堤防线路较长,堤防内部可能同时存在多种和多处隐患。由于堤防自身隐患、坝顶高度不足、汛期水位快速升高和降落,堤防经常发生漫顶、崩岸、滑坡、管涌、散浸、塌陷等险情。近年来,洪涝灾害频发导致堤防险情严重,如 2018 年、2019 年湖北长江干、支流堤防发生管涌、散浸等险情共计 69 处。长江干、支流堤防沿线线路长、缺陷类型和数量多,空间分布不均衡,若发现和处理不及时,堤防隐患和缺陷进一步发展将会给堤防沿岸人民生命安全和经济发展带来严重灾害。

目前,堤防隐患的监测和检测仍以传统方法、既有经验和常规设备为主,隐患检测精确性、高效性和时效性难以保证。由于堤防线路长,传统人工排查和检测方式工作量大、效率低,难以实时查明隐患,同时汛期水位高,人工方式难以探明水下堤防和堤防内部隐患,因此如何快速有效探明堤防水下和内部缺陷,是堤防工程检测中的重大问题。

1)堤防常见隐患与险情

由于堤防施工质量缺陷、汛期高水位超过堤防顶部高度、堤段受水流冲刷、生物侵害、不均匀沉陷、局部薄弱环节、碾压不密实等,多种原因导致其存在较多隐患。

按照堤防隐患的类型、特点和危害性可将堤防常见隐患与险情分为以下3类。

①堤防常见隐患与险情类型。

(a)孔洞。白蚁、鼠类、树根等生物侵害、自身填筑不密实或堤身内部细颗粒受水流冲刷形成孔洞。

(b)裂缝。堤防内部存在纵缝、横缝、软弱层或局部薄弱环节等进一步发展形成裂缝。

(c)疏松。碾压不密实、施工质量差、沙土或疏松料填筑等原因导致密实度低,孔隙率大。

堤防隐患大部分存在于堤防内部,少部分存在于堤防浅表层。由于堤防线路较长,因此可同时存在多种隐患,且多种隐患互为因果,如孔洞持续发展可产生大范围裂缝和薄弱环节,压实度不均一或松散可导致堤防内部裂缝,堤防松散和碾压不密实可导致局部塌陷形成孔洞等。

②堤防险情形式。

不同堤段、不同隐患类型导致堤防险情形式各异,包含以下8类。

(a)漫顶。当洪水水位快速升高至高于堤顶时,洪水从堤坝顶部漫出冲刷下游坝坡,由于下游坝坡一般未做防护,下游坝坡散粒体受冲刷流失,逐渐发生垮塌甚至溃决破坏。

(b)崩岸。汛期水位陡升或陡降导致堤防内部应力和孔隙水压力突变,水流冲刷堤坝坡脚、渗流、长期浸泡导致土体抗剪强度降低等原因诱发崩岸破坏。崩岸破坏前一般堤防有较明显的裂缝、滑动、位移情况。

(c)管涌。渗流作用下,堤防内部细颗粒受水流作用沿孔隙冲刷被带走,形成空穴集中涌水;或表面覆盖层流失后,内部水压作用导致涌水形成管涌,管涌破坏常发生在堤脚和基础处。管涌若不能及时发现,短时间内会逐渐扩大导致大坝垮塌。

(d)滑坡。汛期水位升高后堤身土体受到浸泡,导致抗剪强度降低,堤防内部天然存在的软弱层或裂缝导致土体存在薄弱滑动面,诸多原因导致边坡滑动力大于抗滑力进而诱发滑坡。

(e)塌陷。堤身内部存在孔洞或不密实导致局部塌陷。

(f)散浸。汛期高水位导致堤身浸润线升高,使堤坝背水坡和坡脚附近土壤潮湿发软,或有水渗出形成散浸。

(g)流土。土体渗流的渗透力大于外部覆盖层的有效压力时,堤坡或坡脚处土体被顶

(h)渗漏。汛期高水位导致堤身浸润线升高,细颗粒土体冲刷后形成渗漏通道。严格来讲,管涌、散浸、流土均为渗透破坏的表现形式。

由于堤防内部可能存在多种隐患,因此堤防可能同时发生多种类型的险情,且多种险情之间可相互影响并同时发生。比如堤坝前水位上涨、堤身长期浸泡,抗剪强度降低,导致滑坡和塌陷现象出现。堤防发生漫顶和散浸后会导致堤身内部细颗粒流失、渗漏通道继续扩大,进一步加重渗漏破坏,形成崩岸、滑坡现象。堤防的缺陷类型、成因和性质十分复杂,且空间分布不均衡,大部分不规则地分布于堤防内部,难以探明,因此隐患探测具有一定的难度。

2)堤防隐患检测方法

根据检测方法是否对被测物体产生破坏,可将各类检测方法分为有损检测法和无损检测法。

①有损检测法。

通过机械设备钻孔取芯,根据芯样的完整性和裂隙发育情况判断堤身内部的密实度、是否有薄弱环节或渗漏通道,并确定缺陷的情况和部位。钻孔后可进一步往孔内注水,进行注水和压水试验,测量孔内试段注水量和水头高度,测定孔内土层渗漏系数,判断堤坝渗漏可能发生的部位。

②无损检测法。

堤防隐患导致堤身各类物理量变化,包括电阻率(电导率)、声音、介电常数、温度、弹性波波速、密度、流速等(表1-1),无损检测手段根据物理指标变化可探测隐患类型和发生部位。

表 1-1　　　　　　　　　　　各类堤防隐患探测方法

利用因素	检测方法
电阻率	高密度电法、瞬变电磁法、流场法
介电常数	探地雷达方法
温度	红外成像方法、遥感成像法、渗漏水温探测法
可见光	水下电视方法
渗漏通道	同位素示踪法
弹性波波速	表面波法
流速	流场法
声音	声发射法、声呐检测方法

(a)高密度电法和瞬变电磁法。

堤防为分层填筑的匀质土坝,因此堤身电阻率沿竖向分层且每层电阻率均匀分布。当堤防内存在裂缝、渗漏等异常时,堤防内部土体电阻率随含水率、孔隙率增大而增大,导致出现电阻率低值区。因此可利用土体电阻率差异,判断渗漏或缺陷情况和位置。

根据电磁波频率范围不同,可分为高密度电法(直流)、瞬变电磁法(时间域电磁法)($10^2 \sim 10^4$ Hz)。高密度电法为人工施加稳定直流电,测定探头间电位差以计算堤身电阻率。该方法检测速度快、灵敏度高、操作简单,但纵向分辨率不高,难以查明埋深大的弱小隐患。

瞬变电磁法为向地下发射脉冲电磁场,并探测堤身感应涡流和涡流衰减产生的二次电磁场,反算堤防内土体的电性和分布特征进而判断堤身电阻率。由于土体土质和成分、土体压实度、土体中水质和矿物成分等因素都会影响堤防电阻率,因此仅采用该方法探测堤身异常时会出现多解问题。

(b)探地雷达方法。

介电常数为在外加电场条件下,材料储存极化电荷的能力。堤防渗漏、裂缝、孔洞、松散等缺陷会导致含水率、密实度、孔隙率变化,进而导致堤防介电常数发生变化。探地雷达方法基于介电常数变化即可判断缺陷类型和部位。

探地雷达方法通过向地下发射高频电磁波(10^7 Hz 以上),若遇到土体异常部位(介电常数差异面),电磁波即发生反射。根据反射波的波形、频率、幅值变化可判断地下缺陷(含水层、软弱层、裂缝、孔洞、松散体、渗漏)情况,如雷达波同相轴错断为裂缝、弧状反射且振幅和频率变化,则说明该处存在空洞,电磁波衰减明显,波长增加表示可能存在渗漏。该方法检测采集方便、分辨率高、检测速度快、抗干扰能力强,但是衰减速度快,穿透距离小,可探测深度有限。

(c)红外成像方法。

红外成像方法利用温度原理,当堤防出现管涌和散浸时,温度明显低于周围温度,根据温差即可判断管涌、散浸和渗漏位置。该方法对管涌、散浸等大面积隐患探测效果好,对局部渗漏隐患探测效果有限。其他利用温度原理探测渗漏和散浸的方法有遥感成像法、渗漏水温探测法等。

(d)水下电视方法。

水下电视方法根据光学成像原理通过视频录像或者图像拍摄方式观察堤防水下情况,可直观地观察水下缺陷情况,发现渗漏、滑坡、软弱层等缺陷。但该方法容易受水下环境影响。例如,堤防汛期水体浑浊,该方法受能见度低、成像效果差等影响而检测效率降低。

(e)同位素示踪法。

同位素示踪法利用堤防渗漏通道连通性,首先在可能渗漏区域上游投放天然或人工同位素示踪剂,然后在下游检测是否有同位素,判断上游可能渗漏部位和下游检测位置渗漏通道是否连通以及渗漏量大小。该方法需逐一筛查可能渗漏的入口和出口,效率不高,可在明确渗漏通道后用以验证其连通性。同时该方法应用过程要注意避免使用可能对人和环境有影响的放射性同位素,选用环保无害的示踪剂。

(f)表面波法(弹性波横波法)。

表面波法利用弹性波在土中传播速度与土体密实度的正相关性,土体密实则波速大,土质疏松或存在软弱层则波速小。根据弹性波波速可判断堤身是否存在裂缝、软弱层、孔洞、滑坡等降低密实度的隐患。弹性高频波传入地下深度大,低频波传入深度小。该方法利用高低频转换探测不同深度地层。表面波法探测缺陷的精度高于瞬变电磁法和高密度电法,但测量效率较低,难以大范围使用,可预先结合其他方法确定存在缺陷的堤段,然后在缺陷堤段用该方法详查。

(g)声呐检测方法。

声呐检测方法利用声波在水中优异的传播条件,对堤坝渗漏部位进行探测。若堤防、水库存在渗漏,则在渗漏部位会产生渗漏流速异常区。声呐检测设备根据发射声波和接收声波的频率差计算声波传播的频率、速度,进而搜寻渗漏流速异常点。其他利用声音的方法还有基于堤防渗漏部位水与土体摩擦声音定位渗漏通道的声发射法。

(h)流场法。

该方法基于水流场和电流场的相似性,利用人工电流场的分布特征拟合和预测渗漏通道的水流场的流向和流速,进而查明渗漏位置。此外也可以利用流速仪检查整个堤段的水流流速,以确定渗漏通道部位。这些方法可探测水下渗漏、管涌入水口,但无法查明堤防内部渗漏通道。

此外,还有可以探测堤坝浸润面的核磁共振找水技术,基于土体密度变化探测堤防内部较大缺陷(空洞、裂缝)的微重力仪检测方法。

3)水下机器人综合检测技术

以上所提方法大部分为人工或者半人工检测方法,在堤防线路较长,被检测区域较大的情况下检测效率低,汛期难以及时发现和排除隐患。同时堤防隐患类型多、可变性强、环境影响因素复杂,采用单一的方式难以准确判断隐患类型和部位。

随着水下机器人技术的发展,水下机器人作为载具平台搭载各种检测设备进行堤防水下检测的方式逐渐发展起来。该类方法具有灵活性强、作业时间长、可搭载多种设备、作业深度大、检测效率高、可实现自动化智能化检测等优势。但该类方法也与水下检测环境相互影响,比如机器人航行对水流扰动大、水流自身流速大、水体浑浊、能见度低等。此外,机器人的抗流、长续航、智能全自动、减少对淤泥扰动、多设备搭载等功能需进一步改进完善。

目前,集成水下图像声呐和水下电视的水下机器人检测设备已成功研发。该设备整合多种检测手段,以共同判定隐患类型,相互验证,同时具有稳定性强、航行速度大、抗流能力强、操控简单、可快速部署、声—光手段结合综合研判各类缺陷等特点,可满足堤防隐患水下高效巡检。

1.2.3 堤防险情及运行维护管理知识库研究

堤防工程是防御洪水最普遍、最有效的工程措施,是各国防洪体系中的重要组成部分,但其具有线路长、隐患多、险情频发等特点。

在堤防数据信息化方面,西欧各国的应用历史可以追溯到20世纪60年代,充分利用当时发展阶段的信息技术对堤防工程数据进行管理,在堤防工程安全监测上初步建立了较为完善的监控系统[26]。20世纪70年代,美国开始对其国内的各项大坝工程的建设运行数据进行信息化管理,通过立法并授权美国陆军工程师团(USACE)负责进行建设、维护、发布、管理联邦所有大坝的基本信息网络数据库[27]。该数据库共计收录82642座大坝,并且每两年进行一次更新维护,用户可通过互联网访问并浏览有关信息。由于美国大部分堤防建于20世纪中叶,建设方不尽相同,堤防由联邦、州和地方机构或私人建造,多数超设计寿命期限服役。2006年,USACE开发了美国堤防数据库(NLD),为政府的堤防安全决策部署提供数据资源。英国基于Microsoft Access和ArcGIS构建了泰晤士河口防洪数据库[28],用于存储和维护与伦敦泰晤士河口沿河堤防相关的所有数据,实现了对结构化数据与图形文档的管理与共享。2004年法国国家环境与农业科技研究院(IRSTEA)基于Microsoft Access和ArcView开发了法国堤防数据库SIRS Digues 1.0,实现了对法国国内9000余千米堤防中超过1000km堤防结构化数据以及图形文件的存储与管理。后来经过不断改进,于2015年发布了SIRS Digues 2.0[29]。SIRS Digues 2.0采用Java编程语言,基于面向文档的NoSQL数据库Apache CouchDB以及地理空间数据库Geotoolkit和Apache-SIS,可兼容Linux、Windows、Mac OS等操作系统,并开发了基于Web的移动客户端。

在堤防工程险情的安全评估方面,国外围绕堤防失效模式、水文水力条件、后果评估等多个维度开展了相关研究,研究手段由确定性方法向随机分析和复杂性系统理论转变[30]。国外的学者也对历史上的堤防以及大坝等水工建筑物失事事故及原因进行归纳总结分析,形成初步的知识库。

Baars和Kempen[31]对荷兰堤防历史险情进行了全面梳理统计,形成了337个历史记录堤防险情事件的列表,建立了最早可以追溯到1134年的荷兰堤防历史险情数据库。Baars和Kempen根据历史险情数据库,并结合Jak和Kok[32]建立的荷兰历史大洪水事件数据库分析,得知堤防破坏的主要原因是超高的水位和冰凌作用,2/3的堤防是内部边坡保护或坝顶堤坝被侵蚀。

Danka和Zhang[33]收集了超过1000个堤防溃堤的真实案例,包括溃堤前的堤防几何形状、材料、堤防类型、溃堤原因、溃堤长度、深度和洪峰流量等信息,编制了溃堤案例数据库,研究常见的溃堤机理,并开发了一套用于估算溃堤长度、深度和洪峰流量的经验公式。

Zech和Soares-Frazao等[34]通过实验室物理建模、现场数据收集、现场测试、理论研究和数值模拟相结合的方式进行了大坝或堤防等防洪结构失效的研究,并总结归纳了各种类型的可用数据形成了云端的数据库,旨在评估和减少自然事件或大坝和防洪结构失效导致的极端洪水风险。

此外,针对地震灾难以及海上风暴等极端条件下堤防险情事故,日本学者建立了翔实的资料数据库,取得了一系列的研究成果。Shuto[35]收集了1933年昭和三陆大海啸和1960年智利海啸下堤防的险情资料,并分析总结了在海啸条件下,堤防的破坏模式为海啸引发的堤防漫顶溢流和海浪反复冲刷造成的坡脚侵蚀。Mikami等[36]以及Ogasawara等[37]详细记录了在2011年东日本大地震中,海岸堤坝的破坏情况(图1-16),并对破坏原因进行了总结分析。

(a)堤防边坡破坏

(b)堤防下沉

(c)无明显冲刷条件下护坡损坏

(d)堤防倾倒

图1-16 2011年东日本大地震后堤防险情[36-38]

在收集东日本大地震中堤防险情的基础上,Kato等[38]依据数据库信息归纳总结提出了极端条件下海岸堤防失效模式及每种破坏模式破坏堤防长度所占比例(图1-17)。

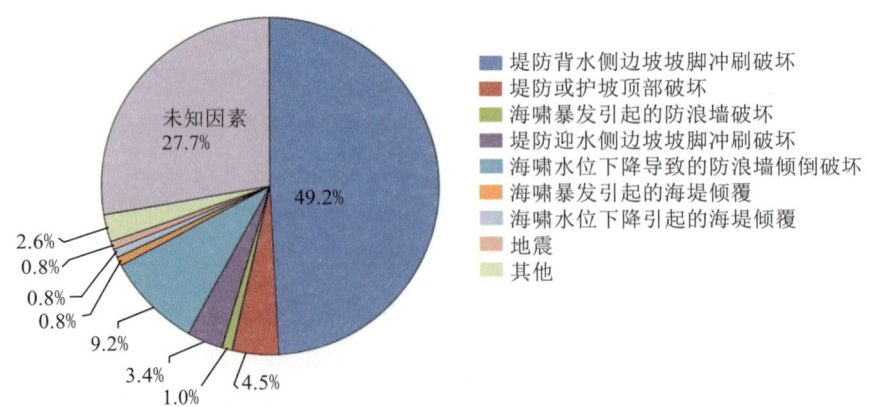

图1-17 极端条件下堤防破坏模式数据库[38]

Becker 等[39]根据德国的工情水情及堤防基础资料,开发了堤防运行维护知识库 EarlyDike,旨在支持政府有关部门根据现有的基础信息数据作出最及时、有效的堤防险情处置方案。这种基于风险和传感器的智能预警系统需要几个不同的输入数据、指示器和模拟器来决定(堤防)溃堤、溃堤概率及其对淹没区的影响以及溃堤的必要性,以疏散人群和保护经济价值。因此,研究被划分为 5 个包装模块(图 1-18):风暴潮监测器和模拟器;波形监视器和模拟器;堤防监视器和模拟器;洪水模拟器;地理门户、传感器和空间数据基础设施。

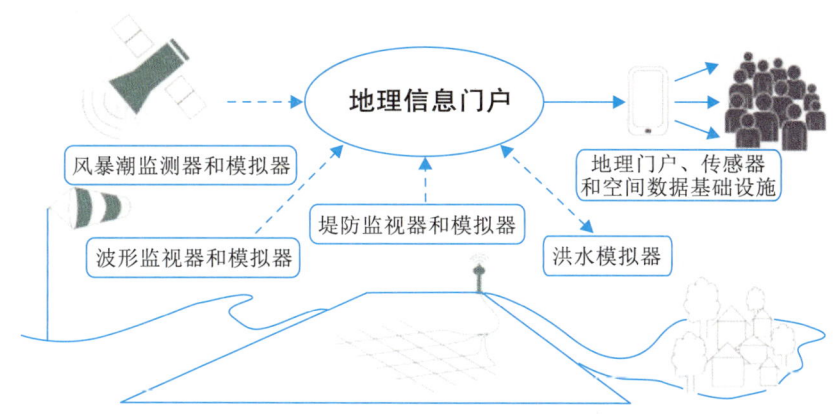

图 1-18　EarlyDike——基于风险和传感器的智能预警系统[39]

我国堤防建设经历了数百年甚至上千年的历史,在建设与维护过程中积累了大量的数据资料。20 世纪 70 年代,数据库技术开始传入我国;90 年代以后,我国开始重视堤防工程安全监测自动化。南京水利科学研究院和南京电力自动化研究所等开发了分布式土石坝安全监测采集系统,实现了数据自动采集、数字量传输和资料整理的自动化。2002 年,水利部大坝安全管理中心开始开发堤防工程安全管理信息系统,探索堤防工程基本资料数据库建设及网络化信息发布的技术途径,成果包括基于 C/S 的数据库管理和基于 B/S 方式的信息发布,其网络服务器为 Apach,网络数据库采用 Oracle8i[27]。水利部长江水利委员会于 2003 年建立了长江堤防工程地质信息系统[40],系统以数据管理为核心,集成了 GIS、DBMS 和 CADS 等技术,保障了流域级堤防数据的一致性、完整性、准确性和安全性,有效存储并管理了长江堤防工程地质资料。长江堤防工情信息服务系统[41]提出了一种基于 Client/Server、Browser/Server 和 Browser/ArcIMS 三重架构的开发模式,构建了系统的体系结构,对后台数据库进行了优化和重组,提出了一种基于树形数据结构的超实体多级递归算法,给出了无限层次的动态下拉列表实现方法,引入面向对象技术,采用多种开发工具,实现了 DBMS 与 GIS 的集成一体化。长江重要堤防隐蔽工程勘测设计数据库系统[42]基于 ArcGIS,采用关系数据库 Access、Dbase4 以及空间数据库 Arc/Info,建立了隐蔽工程勘测设计数据库,为勘测设计技术数据资料构建一个具备输入、贮存、管理、查询、输出和分析应用等功能的平台。黄河下游堤防地质信息管理及安全评价系统[43]将数据库管理系统和图形管理系统有机结合,不仅实现了数据库的输入、输出、统计分析以及其与图形属性库之间的转换与管理,而且实现了信息的空间查询、空间分析、图形编辑、输出和图形管理,系统同时提供堤岸稳定性评价的方法和其他实用工具,为黄河下游堤防安全管理和规划提供了辅助决策工具。黄河堤防管理信息系统[44]以 VS.NET 和 SQL Server 技术为基础,结合了 WebGIS 关键技术,实现了 B/S 环境下数据的显示、查询、统计及组织管理,通过预留接口还可以实现堤防工程实时监测、安全评价、预警预报、专用分析等功能。珠江流域重点堤防数据库系统[45]和松花江地理信息系统[46]数据库底层的 RDBMS 均采用 SQL Server 2000;而淮河流域基础空间数据库[47]、海河流域数据库[48]均选择 Oracle 作为数据库管理系统,并基于 ArcGIS 应用平台,实现大规模、多类型海量空间数据的统一管理,提供强大的地理信息存储访问和分析功能。安徽数字长江信息系统[49]基于 ArcGIS,采用 B/S 结构的组织模式,以 Oracle 数据库服务器作为基础空间数据库建设基础,提供基础空间信息、元数据的查询,为用户提供对长江安徽段基础信息数据、水利工程数据、防汛数据、河道演变和采砂数据,以及影像数据的显示、查询、统计、分析、服务等功能。

迄今为止,国内各大流域均已建成堤防数据库或基础数据库管理系统。传统的堤防数据库多以关系型数据库为主,不能处理非结构化的数据,扩展性能差。云计算技术的发展和社会对大数据的需求为非关系型数据库带来了新的机遇。云计算所处理的海量数据使传统的 RDBMS(关系型数据库管理系统)的性能瓶颈日益突出[50]。海量的多格式、多类型、多尺度、跨地域的堤防工程基础数据,形成了一个分布式的、异构的、跨部门的资源类型多样的数据库群。如何将堤防基础大数据与现代网络、云计算、物联网及人工智能等新技术相结合,对其进行科学的挖掘与利用、提高数据服务水平具有重要的研究价值。

为了实现堤防工程信息化,促进堤防工程数据的高效收集、有序存储、快速准确分析与利用,需确定堤防工程数据标准,明确不同类型数据标准化方案。罗登昌等[51]从堤防工程涉及的工程、水文气象、人文经济、地理、地质、物探、险情及监测数据方面出发,调查了国内外数据标准化研究现状,并在此基础上提出堤防数据标准化包含的三部分内容:结构化数据标准化、非结构化数据标准化、数据入库与清洗。结果表明:通过数据分类、数据编码及表设计 3 个步骤的操作,可对结构化数据进行标准化;利用 Java Script 对象表示法(Java Script Object Notation,JSON)描述文档的关键信息,将带有文档属性的 JSON 连同文档一起存入数据库,可实现非结构化数据标准化;通过统一接入和动态配置的数据接入、清洗方法,提高了堤防工程数据标准化过程的效率。堤防工程数据管理系统数据分类如图 1-19 所示。

近年来,随着物联网、大数据、云计算、人工智能等新一代信息技术的蓬勃发展,数字孪生的实施具备了可行性。目前,数字孪生在航天航空与城市管理领域应用广泛,而在水利行业还处于初步发展阶段。《国家"十四五"规划纲要》明确提出"构建智慧水利体系,以流域为单元提升水情测报和智能调度能力"。水利部提出推进智慧水利建设是推动新阶段水利高质量发展的六条实施路径之一[52]。饶小康等[53]基于 GIS、BIM、IoT 和人工智能等新兴技术，利用数字孪生技术在信息空间中对堤防工程、外部工况和环境等实体进行复刻，构建相应的堤防工程安全管理数字孪生平台，平台总体架构如图 1-20 所示。通过数字孪生体与物理实体在位置、几何、行为和规则等方面精确的映射关系，并结合实时数据、历史数据、孪生数据和基于深度学习的险情识别模型，以堤防工程管涌险情为例，针对险情识别和安全预警进行实时、交互的参数模拟、模型计算、仿真推演、预测预警、优化决策，为堤防工程安全管理的仿真、评估、优化、预报和决策提供有力的数据和模型支撑。

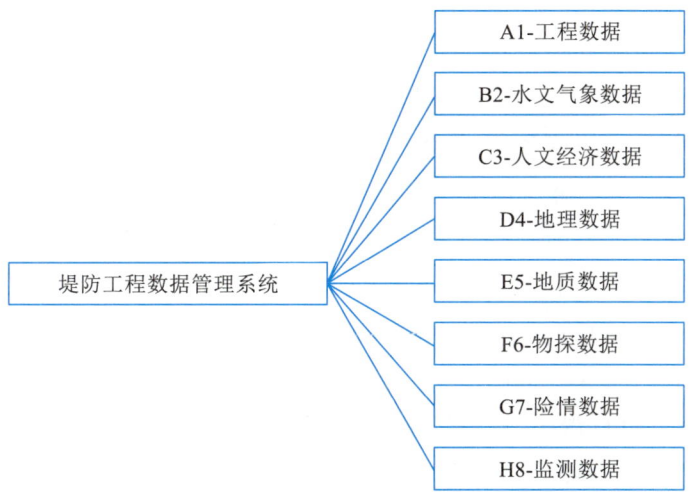

图 1-19　堤防工程数据管理系统数据分类[31]

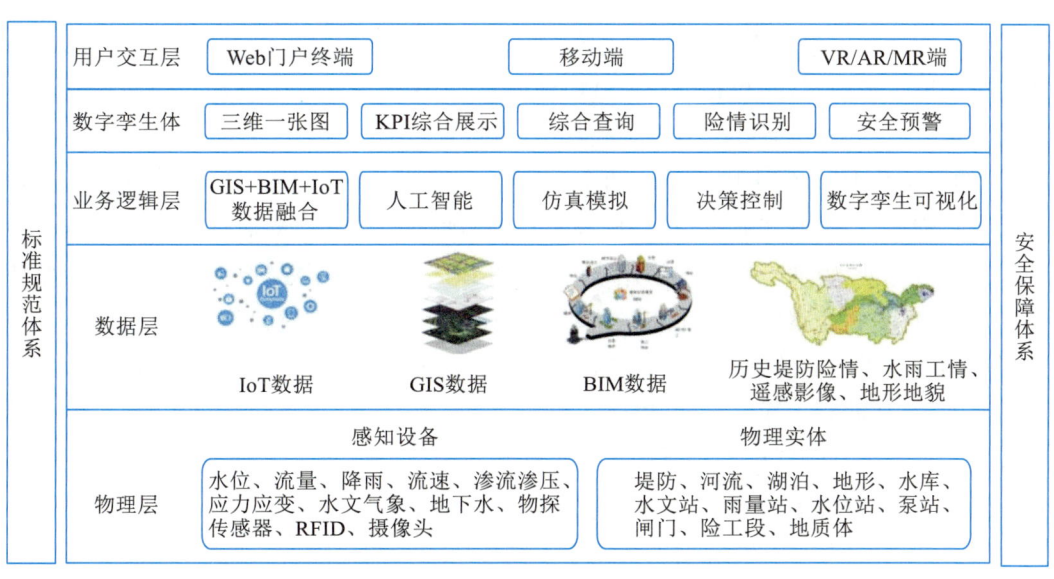

图 1-20　平台总体架构

1.2.4　堤防渗漏应急封堵新材料和新工艺研究

在高水位的长时间作用下,在堤防背水坡或者堤脚附近出现漏水的孔洞,这种现象叫作堤防漏洞。堤防漏洞是土质堤防常见的险情之一。造成漏洞的原因主要有堤防填筑质量差、地基的不均匀沉降、堤基的渗漏、堤身内部存在动物筑巢或腐烂木料等[54,55]。在堤防发生漏洞险情时,若不及时加以抢护,就会造成堤防溃决的情况。堤防堤身在汛期发生漏洞险情十分常见,2020年7月的险情统计显示,长江干堤各类型险情共155处,其中由堤防渗漏引起各种次生险情99处,总比例占64%。目前,抢护漏洞险情的主要原则是"前截后导,临重于背"。临水面抢险方法主要包括:塞堵法、盖堵法和戗堤法[55]。在1998年洪水之后,我国相关研究人员一直致力于堤防渗漏险情抢护的相关研究[55]。在传统的漏洞险情抢护中,采用塞堵法或戗堤法的较多,用盖堵法的较少。这些方法各有其优缺点:塞堵法用于洞口较大且较为明显的漏洞,漏洞周围情况复杂时,塞堵法具有较为显著的优势,但塞堵法的缺点也较为明显,首先需要准确找出漏洞发生的位置,这对于堤防漏洞的探查有很高的要求。同时,由于水下环境复杂,下水作业人员的安全保障性还有待提高;戗堤法是在临水侧修筑黏性土戗堤,完全适应所有类型的漏洞封堵,但采用戗堤法进行封堵必须有足够的黏性土料,且抢护时间长,在正面封堵的同时,需在堤防背水侧采取导流措施;盖堵法采用篷布、草帘等在堤防迎水面进行盖堵,具有整体性好、抢险速度快、便于大面积铺设等特点。但盖堵法对临水坡面的地形、地貌有一定要求,有时需要人员潜入水中施工,缺乏安全性。

堤防基础一般多为双层结构,上层是黏土或壤土弱透水层,下层为砂层或砾石层,即强透水层。如果堤基没有处理或防渗处理不彻底,留有渗水通道,则当渗透水压力大于地基透水层和表层弱透水层允许压力时,砾石中的细沙颗粒在粗颗粒孔隙中发生移动,上层弱透水黏土或壤土层也被顶穿,沙粒和土粒被带出地面以上,这种现象称为管涌。管涌一般多发生在堤防背水坡坡脚附近的地面上,多呈孔状出水口,冒出细沙或黏土粒。出水口孔径小的如蚁穴,大的可达几十厘米,少则出现一两个,多则出现孔群,冒沙处形成"沙环",所以也称"翻沙鼓水"或"泡泉"。随着江河水位上升,高水位持续时间的增长,特别是在上部弱透水层较薄处或人为破坏处,管涌险情就容易出现,涌水量和挟沙量相应增多,就有可能导致堤基形成渗水通道,造成堤身表面局部塌陷,如抢护不及时,严重者有决堤的危险。

反滤围井是最常见的管涌抢护措施,在管涌口处用编织袋或麻袋装土抢筑围井,井内同步铺填反滤料,从而制止涌水带沙,以防止险情的进一步扩大,当管涌口很小时,也可用无底水桶或汽油桶做围井。这种方法适用于发生在地面的单个管涌或管涌数目虽多但比较集中的情况,水深较浅时发生的水下管涌也可以采用。沙石反滤围井是抢护管涌险情的最常见形式之一。选用不同级配的反滤料,可用于不同土层的管涌抢险。

反滤围井主要由围井和滤层两部分组成。传统的围井采用土袋排垒而成,即在管涌口处用编织袋或麻袋装土抢筑围井,井内同步铺填反滤料,从而制止涌水带沙,以防险情进一步扩大。该方法存在黏土填料缺失、装袋搬运费时费力、成本高、效率低等不足,且仅适用于发生在地面的单个管涌、管涌数目虽多但比较集中以及水深较浅时的水下管涌等情况。近年来,装配式、冲水式围井大力发展,这类形式围井相对传统围井使用范围更广。但一方面零部件较多,安装过程较为复杂,且其构建材料通常需要专门定制,安装过程涉及专门工具,需专门培训;另一方面,其反滤通常仅考虑垂直方向透水,所采用的围井周边结构通常是不透水材料,如挡水围板、不透水帷幕等,这些构件需额外设置排水管或孔洞结构,导致渗水过水面积有限,无法有效排泄水并降低渗透压力。

1.3 研究目标和内容

1.3.1 研究目标

本书以解决传统人工抗洪抢险工作量大、效率低等难题和提升堤防隐患排查与应急处置效率为总目标,围绕堤防危险性智能探测、堤防水下巡检机器人、堤防险情及运行维护知识库和堤防渗漏应急封堵新工艺和新材料等方面展开研究,形成自主知识产权和核心技术,为提升湖北省防洪减灾能力提供技术支撑,实现以下研究目标。

(1)水上隐患监测检测实时化

实现隐患快速普查检测以及重点隐患的详查监测检测,提高精度效率,实现堤防隐患赋存状态监测检测实时化。

(2)水下隐患巡检机动化

研发结构优化和快速部署的水下机器人平台和检测系统,提升检测部署的机动性和巡检效率。

(3)出险应急决策智能化

实现堤防多源异构监测检测数据标准化管理及工程险情动态化评估,及时识别险情并提供处理方案,提高抢险决策效率。

(4)堤防渗漏封堵高效化

研究堤防工程管涌抢险技术与装备,升级渗漏封堵材料和工艺,提高堤防渗漏破坏的快速应急处置效率及堤防渗漏处置装备的耐久性。

1.3.2 研究内容

(1)拟解决的关键技术问题

1)堤防水上隐患监测检测效率低、精度差问题

无人机对堤防隐患进行快速普查时,由于双目立体视觉成像与红外高光谱成像原理的

差异,图像融合提取时可能不相容,隐患识别效率低。采用电法对重点隐患详查时,由于时移数据量大且反演成像过程中病态程度随时间点的增加呈级数加重,因此堤防时移电法观测及电场数据时效反演成像困难、精度差。如何提高隐患监测检测识别效率及精度,是实现堤防水上隐患天—地联合监测检测的关键。

2)低能见度堤防水下高效巡检技术

汛期江河湖泊水体浑浊,常规光学成像技术在水下检测时面临能见度低、成像效果差、检测效率低等问题,而高精度声呐检测效率高、扫描范围广,但其近距离检测时精度较光学成像技术差。因此,如何基于高航速、结构优化的水下机器人平台将声学和光学手段结合,取长补短,对不同手段成果进行融合和综合研判,是提高汛期堤防水下检测效率的关键。

3)堤防监测检测数据多源异构处理及安全特性动态评估难题

堤防监测检测项目较多,不同来源的数据格式呈现明显的异构性,数据难以共享、形成孤岛现象,而这些数据又存在一定相关性。如何将这些数据融合分析、实现数据一致性和智能识别应用,并基于实时工况,实现堤防安全动态评估、及时识别堤防险情并给出处理方案,是一个亟须解决的关键技术问题。

4)堤防渗漏封堵效率低、耐久性差问题

目前汛期应急抢险主要依赖传统技术和人海战术,应急抢险机械化、装备化程度较低,效率有待提高。堤防渗漏封堵所采用的如黏土、水泥土、混凝土等常规材料,由于其本身渗透系数还有提升空间,并且在地表水、地下水的作用下,容易受到腐蚀、损毁,因此堤防防渗的效果变差。如何提高堤防渗漏封堵效率、提升材料耐久性是一个亟须解决的关键技术问题。

(2)研究内容

针对以上关键技术问题,从以下方面展开研究。

1)堤防危险性智能探测技术与装备研发

研究无人机图像处理方法,优化多目图像的融合效果,实现对于隐患目标的高效排查;研究不同渗透条件、类型的管涌、散浸状态与时移电阻率参数和成像特征之间的映射关系,构建其数学模型,提高重点隐患详查的识别精度。

2)堤防水下巡检机器人研发

根据水下机器人航行速度和耐压要求,改进结构阻力和动力系统,开展高推力比矢量推进器布置和高流速条件下水下稳定性控制技术研究,研发稳定性强、航行速度大、操控简单、快速部署的水下机器人平台及配套水下声光检测设备,满足堤防隐患水下高效巡检需要。

3)堤防险情及运行维护管理知识库研究

收集整理长江干流湖北段堤防的地形地质、监测检测数据、堤防险情及处置措施情况等资料,构建基础资料数据库。通过对监测检测数据的融合及标准化处理,实现数据一致性和智能识别应用,为快速决策分析提供数据源。基于对基础资料数据库和实时监测检测数据的深度学习和数据挖掘,实现堤防安全动态评估,及时识别险情并给出处理方案,为堤防运行维护提供决策依据。

4)堤防渗漏应急封堵新材料和新工艺研究

针对管涌抢险效率偏低的问题,根据反滤围井特点,本次研究考虑围井兼具有以下特性:安装简单、施工速度快,材料简易、可就地取材;具有横向透水功能,可最大限度地排泄水并降低渗透压力;易储备、可扩展性强,能够根据管涌的发展向周边扩展围井,以及处理管涌群。针对迎水面渗漏入口处瞬时封堵的难题,对比分析防渗毯铺盖等封堵材料效果,配合多级配料动水淤堵问题,研究封堵新材料及新工艺,使封堵更加快速有效。

第 2 章　堤防危险性智能探测技术与装备研发

2.1　堤防险情无人机巡检技术与装备研究

2.1.1　堤防无人机巡检技术研究概述

对堤防病害进行快速巡检并及时修复是保障其安全服役的迫切需求。传统堤防检测方法以人工检测为主,如人工调查、钻孔检测等,不仅对堤坝结构造成二次伤害,而且检测效率低,极易造成漏检。目前,用于堤坝巡查的方法主要包括探地雷达法、超声波法、机器视觉法等。探地雷达法和超声波法检测速度快,但是在表面病害快速普查中其优势难以发挥。以可见光和红外光图像为基础的机器视觉法作为近年来新兴的无损检测方法,因其快速性、便捷性以及准确性等优势正在逐渐成为堤坝病害巡检的优选方法。然而,该技术尚未得到广泛应用,主要原因为基于无人机的堤防险情与病害检测方法大多采用可见光或红外光等单一数据的采集,不同检测方法采集的图像空间对应性差,无法进行互相矫正;在险情隐患排查数据处理中大多采用人工提取病害特征的方法,缺乏病害可见光图像与红外图像的自动识别方法,严重影响了巡检的准确性和检测效率。

针对以上关键问题,开展了堤防险情与外观缺陷无人机巡检的研究工作,自主设计并研发一种高度集成化、轻量化的无人机载堤防危险性病害快速巡检装备。

2.1.2　堤防无人机巡检装备设计研发

无人机载巡检装备包括机载多功能光电吊舱、地面工作站、无人机等。通过无人机数据链实现光电吊舱与地面工作站之间控制信号与视频图像的实时传输,并对坝体破损、渗漏水情况进行实时监测;地面工作站用于无人机飞行任务规划与光电吊舱回转角度的控制,同时接收来自光电吊舱的视频图像并进行裂缝与渗漏的识别与测量等工作。无人机采用多旋翼无人机。多旋翼无人机具有良好的飞行稳定性和操控性,用于挂载多功能光电吊舱。

（1）机载多功能光电吊舱研制

机载多功能光电吊舱(图 2-1)是一个集光、机、电于一体的多目光电吊舱,搭载可见光相机、红外热像仪、双目立体视觉相机和激光测距仪,实现多目视觉集成化设计方案,对破损与渗漏情况进行精确采集,并将视频图像实时传输给地面工作站。

图 2-1 机载多功能光电吊舱

机载多功能光电吊舱实现基于可见光的破损目标识别、拍摄及图像回传,基于红外热像仪的渗漏目标识别、拍摄及图像回传,激光测距以及基于双目立体视觉相机的裂缝尺寸精细化测量。机载多功能光电吊舱内各相机性能指标如下:

①可见光相机采用 1920×1080(200 万像素)的连续变倍高清摄像机,可以实现 10 倍光学变焦,工作距离最大为 100m。

②双目立体视觉相机的工作距离为 5～10m,可以实现重点区域毫米级裂缝测量。

③红外热像仪采用工作波段为 8～14μm 的红外热像仪,镜头焦距为 19mm,测温精度为±2℃,工作距离最大为 10m。

④激光测距仪波长为 780nm,测距范围为 0～30m,测距精度为±5%。

在应用光电吊舱对堤坝裂缝病害进行识别并测量其尺寸时,首先调用光电吊舱中的可见光相机对堤坝沿线进行视频采集,并从中逐帧提取裂缝图像;接下来进行图像预处理,将提取到的堤坝裂缝图像处理成便于边缘检测的目标图像,包括图像灰度化与高斯滤波,并采用 canny 算子算法对目标图像进行边缘检测,获取裂缝边缘;然后通过开运算对获取的裂缝边缘进行优化处理,即先进行腐蚀操作,再进行膨胀操作,开运算能够在不显著改变总面积的前提下实现去毛刺、孤立点和小桥等噪声,比闭运算更加适合本方案;最后检测连通区域并过滤掉不符合标准的连通区域,并采用 Zhang-Suen 快速细化算法提取裂缝骨架,同时计算裂缝的长度和宽度。可见光相机计算裂缝尺寸流程如图 2-2 所示。

为修正上述裂缝尺寸计算结果,调用光电吊舱的双目立体视觉相机获取相机视场角,并从激光测距仪获取相机与坝体的距离,结合双目立体声视觉算法对上述计算得到的裂缝长度和宽度进行修正,得到裂缝的实际长度和宽度。双目立体视觉算法计算裂缝尺寸流程如图 2-3 所示。

首先采用经典的 TASI 标定法对双目立体视觉相机进行标定,获取左右相机的校正矩阵,包括相机的内参矩阵、旋转矩阵、平移向量等。在使用双目立体视觉相机对堤坝裂缝图像进行采集后,对采集到的坝体图像进行二值化、高斯滤波和边缘检测等处理,提取出裂缝的边缘信息并滤除噪声信息,然后使用校正矩阵对坝体图像进行校正,并采用 SIFT 算法对校正后的两个图像进行特征匹配,代入双目立体视觉测量原理的有关计算公式中,即可完成裂缝目标点的三维坐标计算,最后进行裂缝尺寸的计算。

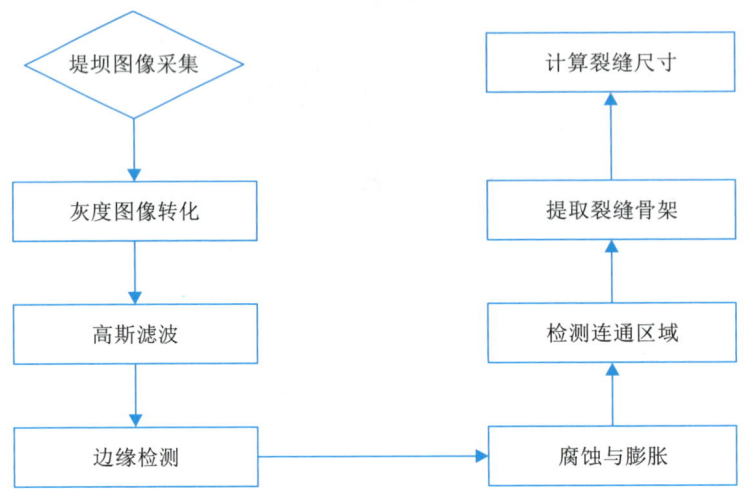

图 2-2　可见光相机计算裂缝尺寸流程

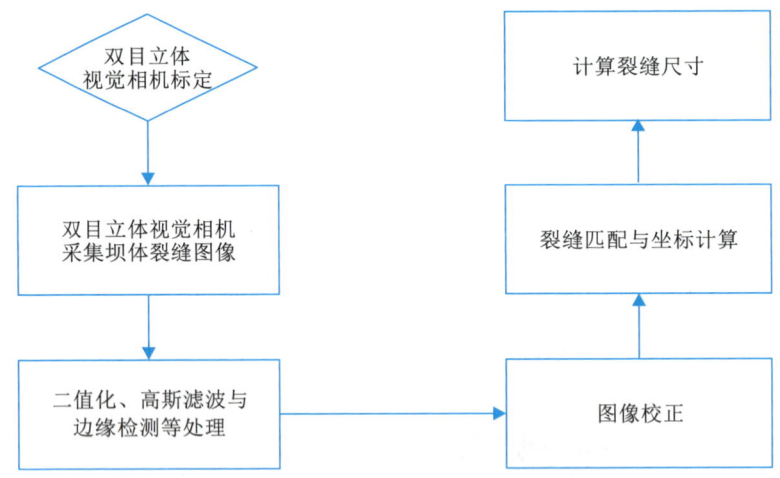

图 2-3　双目立体视觉算法计算裂缝尺寸流程

（2）大数据量无失真实时传输技术

机载多功能光电吊舱通过无人机数据链实现与地面工作站之间控制信号与视频图像的实时稳定传输,其图像传输质量高、延迟低、还原度高,可以实现大量数据无失真实时传输。其主要优点如下:

1）传输带宽低

设备采用优化的编解码算法,符合 H.264 视频编码标准规范,对图像传输带宽要求不高,可在码率800kbps左右进行图像高质量传输,适合高空与地面多传输节点扩展。

2)超低时延

图像传输帧率为60FPS,端到端的时延控制在20ms以内(硬编硬解),硬编软解的时延控制在70ms以内,满足实时性要求。

3)独有的图像压缩带宽平滑模式

设备有效适配数据链分时、分包、多通道稳定传输的传输特点,保证了图像经压缩处理后传输的平滑性,保证了地面工作站图像的稳定接收,保证了地面工作站显示移动目标不会出现卡顿、马赛克等现象。

4)图像还原度高

图像色彩分辨率支持YUV4∶2∶2和YUV4∶2∶0,分辨率最高支持1080P;图像质量通过了各类标准正斜线、水平线、网格、渐变、饱和度等多项检测,无噪点、无抖动、无色差,适合在高空、高速、小目标的图像场景,满足本研究的场景需求。

5)组网方式

设备支持单播和组播等模式,组网方便灵活,适合"1拖2"等多种空地组合。

(3)地面工作站的建立

为了实时显示光电吊舱识别的病害数据,同时给工作人员反馈病害信息,本研究在地面端设置地面工作站(图2-4),用于接收光电吊舱实时传输的视频图像以及控制光电吊舱的姿态,并规划无人机的飞行路线,包括飞行控制端与图像采集端,其中飞行控制端负责规划飞行路线,调整无人机的飞行高度,控制无人机起降;图像采集端负责与光电吊舱进行数据通信,通过发送控制指令控制光电吊舱的工作姿态,同时接收来自光电吊舱的视频图像,并对视频图像中的裂缝与渗漏区域进行智能识别与测量。

其中飞行控制端最大通信距离5km,工作站可续航8h,有较强的抗干扰性能,操作简便,适用于野外长时间作业。图像采集端配有图像和数据传输端口,连接地面接收天线,通过无人机数据链与无人机机载天线通信,覆盖距离从10km到150km不等,实现光电吊舱视频图像与姿态控制一体化远距离传输。

(4)多旋翼无人机的选型

堤防工程沿线距离长,环境气候复杂多变,两岸多强风干扰,夏季多降雨。考虑现场环境、现场通信干扰、一次作业时间等,为满足检测需求,选用大疆经纬M600PRO无人机(图2-5)作为堤防巡检的无人机载体。该机型最远通信距离5km,续航时间可达30min,满足长距离飞行的基本需求;该机型可承受最大风力为5级,具备良好的防水性能,适应工程沿线复杂多变的气候条件;该机型最大承重8kg,最快飞行速度达60km/h,符合无人机载设备实现快速巡检的需求,满足实际工程需求。大疆经纬M600PRO无人机参数如表2-1所示。

(a) 飞行控制端　　　　　　　(b) 图像采集端

图 2-4　地面工作站

图 2-5　大疆经纬 M600PRO 无人机

表 2-1　　　　　　　　大疆经纬 M600PRO 无人机参数

序号	参数类型	参数指标
1	最快飞行速度/(km/h)	60
2	最大飞行高度/km	2.5
3	最大可承受风速/(m/s)	8
4	最大承重/kg	8
5	最远通信距离/km	5

(5)无人机载快速巡检设备操作与性能测试

1)无人机载快速巡检设备操作

无人机载快速巡检设备操作流程如图 2-6 所示。首先,对多功能光电吊舱进行安装调试,包括光电吊舱云台的安装与地面工作站的准备工作,并将无人机与光电吊舱上电后运送至起飞点。随后,在地面工作站与光电吊舱成功通信后,无人机起飞并按照规定路径飞行巡检,光电吊舱由工作人员远程操控,进行堤坝病害视频图像的采集,通过机载天线将数据实时地传输至地面工作站。最后,在地面工作站对接收到的图像进行渗漏区域检测、裂缝检测与裂缝尺寸测量等工作。

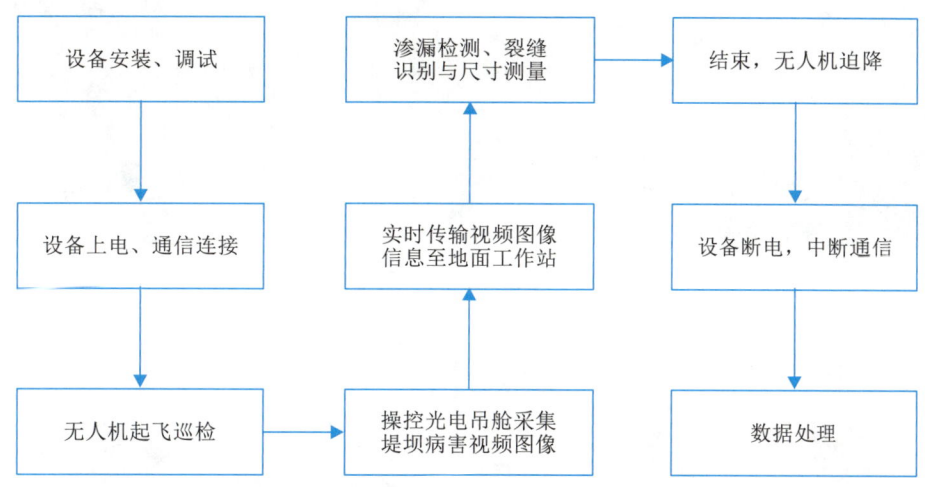

图 2-6 无人机载快速巡检设备操作流程

2)无人机载快速巡检设备性能测试

场地选取为湖北十堰市郧阳区上塔水库,现场环境如图 2-7 所示。该处堤坝建成于 1958 年,坝型为均质土坝,经观测发现该处堤坝存在较多裂缝。场地选取为某处无遮挡路面,环境温度 13.2℃,水温 10.1℃,空气湿度 55%,通过人工浇灌模拟渗漏区域,裂缝采用混凝土道路裂缝,测试结果如图 2-8 和图 2-9 所示。

本次测试飞行高度为 10m,飞行距离 600m,共采集视频流数据 4 组,可见光视频与红外视频各两组,每组视频时长 3min,作为本次测试对象。可见光相机拍摄的视频大小为 1920 像素×1080 像素,红外相机拍摄的视频大小为 720 像素×556 像素。

巡检过程中打开上位机中红外检测界面,当前上位机视频图像显示为红外实时采集画面,并进入红外控制指令,可选择手动配置对比度、亮度等参数,对渗漏检测区域进行检测提取,点击"录像"将保存渗漏区域提取结果,测试结果如图 2-8、图 2-9 所示。

图 2-7　上塔水库实验现场环境

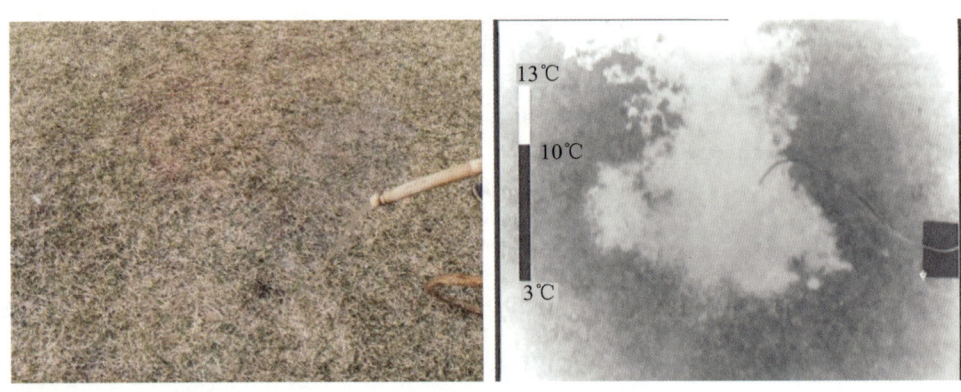

图 2-8　渗漏检测系统性能测试

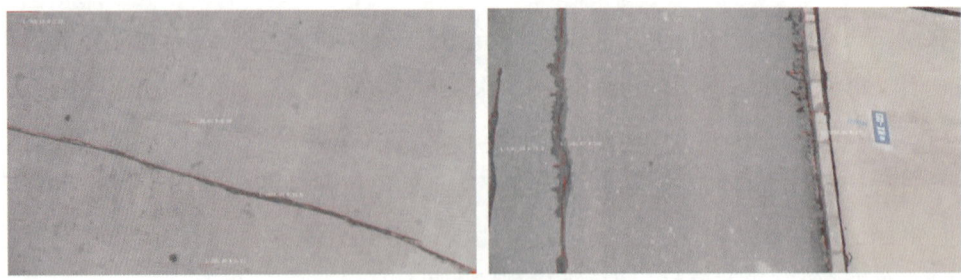

图 2-9　裂缝检测系统性能测试

2.1.3 可见光图像缺陷快速识别与精确测量方法

针对无人机航拍可见光图像受天气、光照等环境因素的影响从而导致图像噪声高的问题，本研究提出基于富尺度卷积神经网络的裂缝快速识别方法。在传统的 U-net 模型的基础上融合了残差和特征矫正的思想，将残差模块（ResNet 模块）和 SE 模块（Squeeze-and-Excitation 模块）集成到 U-net 模型上，将破损的低层细节特征和高层语义特征融合起来，提高了小尺寸病害的识别精度；同时 SE 模块可以学习全局信息有选择地强调有用的特征，并通过重新校准抑制背景噪声中不太有用的特征，提升了干扰环境下破损的识别精度。

针对堤坝裂缝尺寸小、干扰多、测量困难的问题，在堤坝破损病害智能识别的基础上，创新了裂缝骨架提取—双目视觉测量—距离修正的双目立体测量技术，实现堤坝破损病害的智能识别与测量。

本研究改进了 U-net 全卷积网络模型用于准确识别裂缝病害，将 ResNet 模块和 SE 模块集成到 U-net 模型上，提出基于富尺度卷积神经网络的裂缝快速识别方法，提高了高噪声环境下病害识别模型输出的空间精度；并且采用欠采样策略，解决了在裂缝识别过程中遇到的不平衡数据问题。该方法与常见的病害识别方法（Gabor 滤波器、多尺度 DCNN、FCN 和传统 U-net 模型）进行了对比试验，验证了该方法在识别复杂视觉环境下裂缝细节的优越性和鲁棒性。

（1）基于改进 U-net 模型的裂缝病害识别方法

与其他像素级病害识别模型相比，U-net 模型将不同层次的特征映射连接起来，保留了被检测图像的低级特征映射。在之前的研究中发现，ResNet 模块能够在训练过程中拟合扰动，缓解深层神经网络梯度消失问题，通过加深网络深度提高模型的准确率，SE 模块可以学习全局信息有选择地强调有用的特征，并通过重新校准抑制不太有用的特征。因此在传统 U-net 模型的基础上，将 ResNet 模块和 SE 模块集成到 U-net 模型上，可以提高模型识别堤防病害的能力。

改进的 U-net 模型旨在有效地应对堤坝复杂视觉环境挑战，以准确高精度地识别堤坝破损病害。网络模型的准确性及其特征提取方面的能力对模型总体性能至关重要。因此，将 ResNet 模块和 SE 模块组合成 SE-ResNet 模块，如图 2-10 所示。将组合成的 SE-ResNet 模块融合到 U-net 模型中，搭建了一个改进的 U-net 模型。该模型可用于在像素级别高精度识别堤坝破损病害。

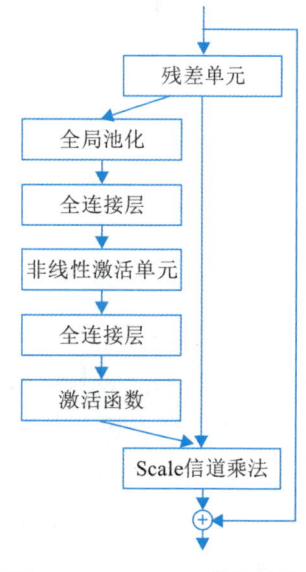

图 2-10 SE-ResNet 模块结构

改进的 U-net 模型将 SE-ResNet 模块集成到 U-net 模型中，具体来说，设计的 SE-ResNet 模块取代传统 U-net 模型中的所用卷积块，改进后的 U-net 模型总共有 23 个卷积层。

改进的 U-net 模型总体结构如图 2-11 所示。

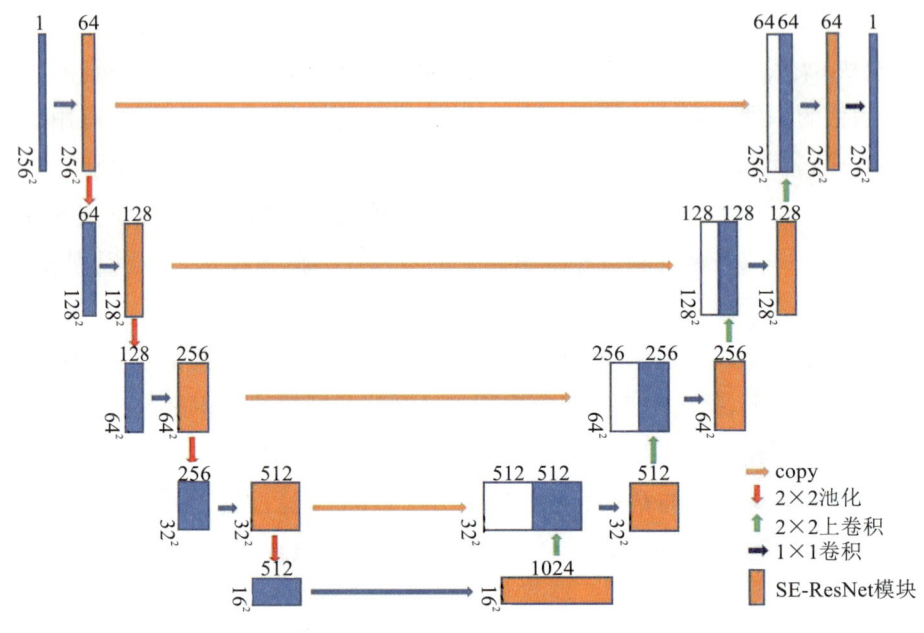

图 2-11　改进的 U-net 模型总体结构

改进后的 U-net 模型存在两个主要优势：①从低级特征到高级特征的跳层连接将低级的病害细节特征补充到高级语义特征；②SE-ResNet 块克服了深层网络训练过程中可能发生的退化问题，并提取了能够有效表达病害视觉信息的关键特征。

（2）裂缝数据集的构建

选取 330 幅裂缝图像作为数据集，276 幅图像用于训练，54 幅图像用于测试。从这些图像中随机提取图像块作为裂缝模型训练的输入。由于裂缝占整体图像的比例较低，提取的非裂缝图像块远远多于裂缝图像块，因此会产生样本不平衡的问题。为解决样本不平衡的问题，研究采取了欠采样的策略。具体而言，如果提取的图像块包含裂缝像素，则将其设置为正样本，否则将其设置为负样本，正负样本如图 2-12 所示。原始的裂缝训练数据集包含 8266 个正样本和 111734 个负样本。

通过实验确定了适当的负样本数与正样本数的比例，以获得最佳性能的裂缝分割模型。训练数据集包含 8266 个正样本数，从所有负样本中以一定比例 R 随机选择负样本，R 的定义为：

$$R = \frac{N_n}{N_p} \tag{2-1}$$

式中：N_n——负样本数；

N_p——正样本数；

R——负样本数与正样本数的比例，分别设置为 0、0.25、0.75、1.00、1.25 和 1.50。例如，$R=0$ 表示 8266 个正样本和 0 个负样本；$R=0.25$ 表示 8266 个正样本和 2067 个负样本。

不同正负样本比例下模型的性能如图 2-13 所示。

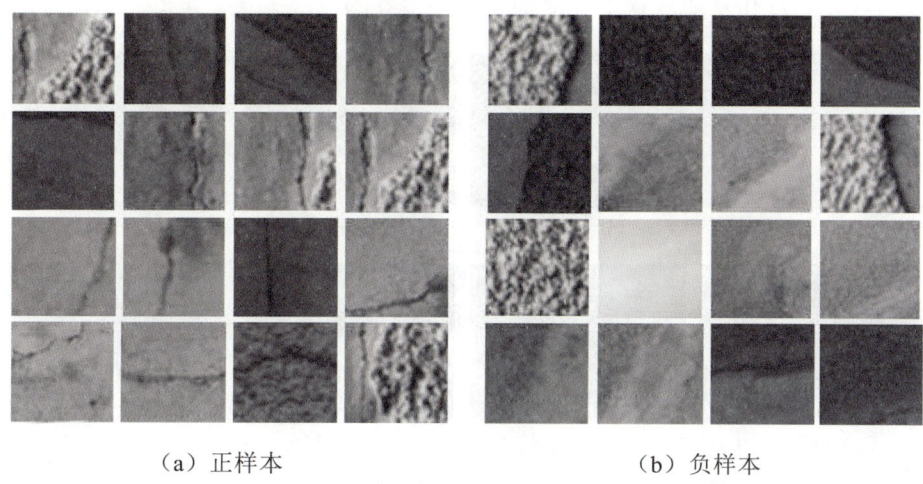

（a）正样本　　　　　　　　　　（b）负样本

图 2-12　正负样本

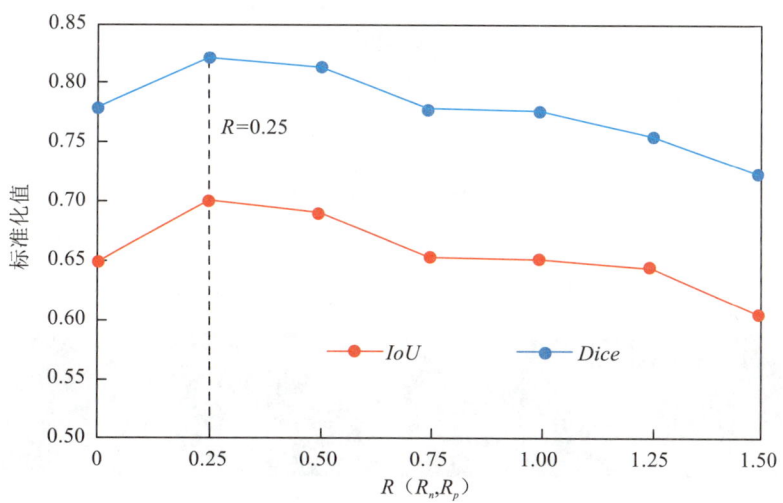

图 2-13　不同正负样本比例下模型的性能

对于不同的 R 值，区域交并比 IoU 值和 $Dice$ 系数的趋势发生了变化。当 $R=0$ 时，训练数据只包含正样本，因此负样本代表性不足，模型的 IoU 值和 $Dice$ 系数较低。然而，一旦 R 值大于 0.25，IoU 值和 $Dice$ 系数就会随着 R 值的增加而呈下降趋势。因此，可以确定裂缝数据集的最佳 R 值为 0.25，并且在研究中应用了这个 R 值。

病害识别过程中通常存在复杂背景纹理、不均匀光照、线性噪声等视觉噪声信息的干扰，通过与当前现有的模型识别效果对比，验证了改进的 U-net 模型在噪声干扰环境下的准确性和鲁棒性。复杂背景纹理干扰下各模型识别效果对比如图 2-14 所示。从图 2-14(a)中可以清楚地看到，在同一图像上同时存在病害和背景纹理。实验结果表明，改进的 U-net 模型的性能优于其他模型。与现有方法的识别结果相比，改进的 U-net 模型成功地识别了病害，并精细地识别了病害边界，重建了病害的轮廓。通过以上实验结果证实了改进的 U-net 模型为准确区分病害和复杂背景干扰提供了一种很好的解决方案。

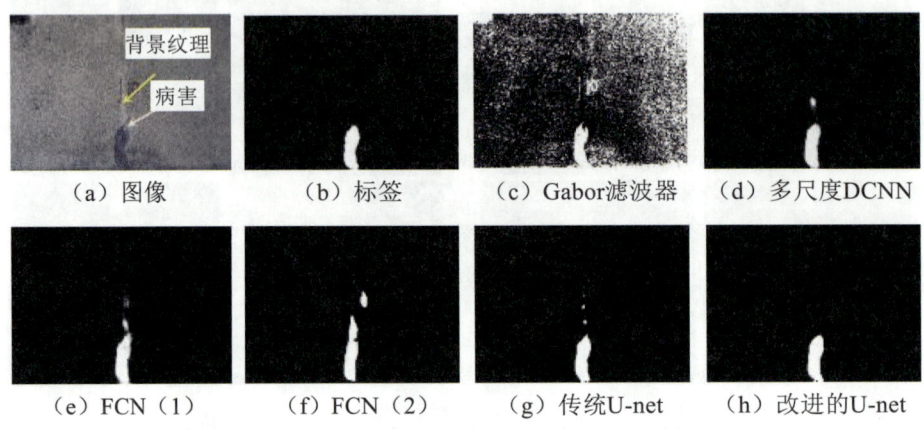

图 2-14　复杂背景纹理干扰下各模型识别效果对比

线性噪声在病害识别过程中也是一个相当大的挑战，线性噪声下各模型识别效果对比如图 2-15 所示。由图 2-15(a)可知，裂缝与线性噪声极为相似；图 2-15(c)至图 2-15(h)为各个模型的病害分割效果比较，从中可以看出，基于 Gabor 滤波器的模型无法在如此复杂的视觉环境中识别到裂缝病害。对于另外 5 种基于深度学习模型的病害分割方法，可以看出 FCN(2)、传统的 U-net 和多尺度 DCNN 模型不能精确地识别病害，这 3 种方法将剥落病害的边界和一些背景纹理识别为裂缝。从识别效果可以看出，FCN(1)和改进的 U-net 模型在线性噪声下取得了准确有效的识别结果，能够很好地避免线性噪声的影响。

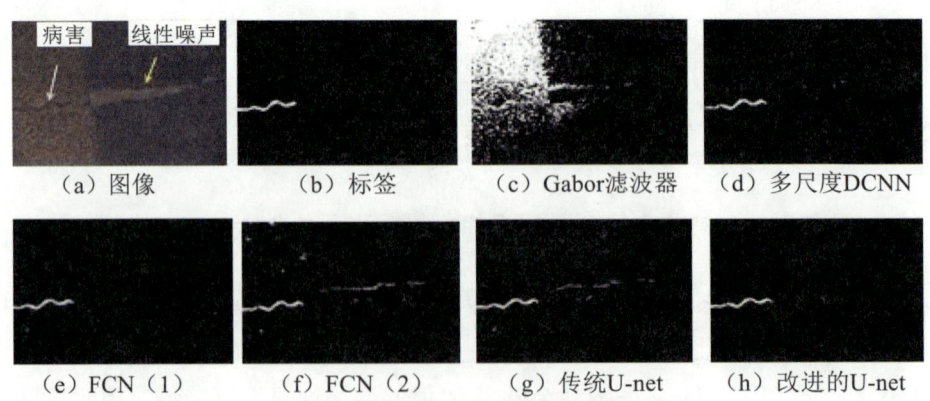

图 2-15　线性噪声下各模型识别效果对比

不均匀光照下各模型识别效果对比如图 2-16 所示。图 2-16(c) 至图 2-16(h) 为各模型分割结果的比较。传统的基于 Gabor 滤波器的模型无法在如此复杂的视觉环境中检测到病害。FCN(2) 和传统的 U-net 模型也容易受到光斑的干扰，这两种模型错误地将光斑识别为病害。相比之下，多尺度 DCNN、FCN(1) 和改进的 U-net 模型都表现出精确分割病害和抗不均匀光照干扰能力，并取得了令人满意的识别结果。与 FCN(2) 和传统的 U-net 模型相比，改进的 U-net 模型能够提取有效特征，并提供更精确的像素级病害识别结果。

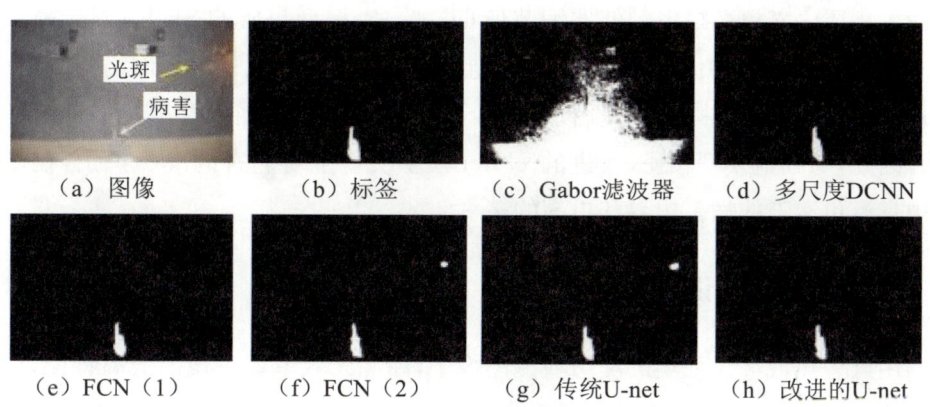

图 2-16　不均匀光照下各模型识别效果对比

多个病害区域各模型识别效果对比如图 2-17 所示。图 2-17(c) 至图 2-17(h) 为视觉环境下各模型识别效果的比较，从中可以看出，基于 Gabor 滤波器的模型将部分的背景区域和一些表面纹理模式识别为病害。多尺度 DCNN、FCN、传统的 U-net 和改进的 U-net 模型成功地识别了面积较大的病害；但改进的 U-net 模型在分割面积较小的病害方面优于其他 3 种模型。两种 FCN 模型显然很难识别出面积较小的病害，而多尺度 DCNN 和传统 U-net 模型错误分割面积较小的病害。以上结果证明了改进的 U-net 模型在识别单个图像中多个病害时的优越性。

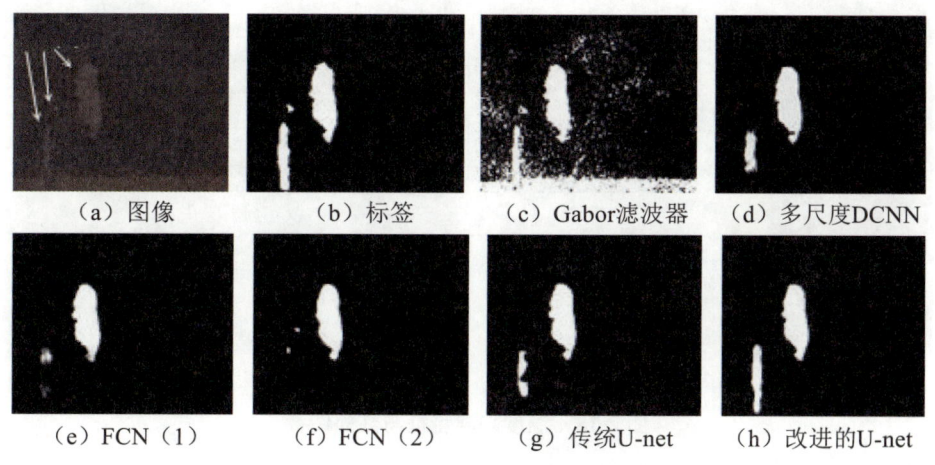

图 2-17　多个病害区域各模型识别效果对比

通过以上不同视觉环境下病害分割结果可以看出,改进的 U-net 模型总体性能优于 Gabor 滤波器、多尺度 DCNN、FCN 和传统 U-net 模型。该模型能够在复杂场景下显著提高病害识别的空间精度,并能在像素级别上识别清晰准确的病害边界。

改进的 U-net 模型取得如此优越性能的原因为,病害识别模型在保留高级语义信息的同时,利用低级特征中的细节对病害精细分割是至关重要的。通过保留从低级特征到对应高级特征的跳层连接,改进的 U-net 模型创建了一条便于不同层级特征信息传递的通道,该通道补偿了高层语义信息缺失的低层细节信息。此外,模型集成的 SE-ResNet 模块结合了 ResNet 模块和 SE 模块的优点,形成了一个能够很容易拟合扰动的深层网络,并且允许网络有选择地强调信息特征,并通过重新校准每个特征信道的值来强调有用特征抑制不太有用的特征。因此,与其他模型相比,改进的 U-net 模型实现了对病害的准确识别,在复杂的视觉环境中具有更清晰的病害边界和更高的精度。

2.1.4 渗漏区域红外识别方法

在利用红外热成像仪采集的堤防检测图像中,渗漏区域主要表现为低温特征,但由于图像中的干扰过多,很多区域的红外特征与真实渗漏区近似,从而导致渗漏识别具有很高的虚警率,因此在分析红外图像数据特征的基础上,基于注意力机制对 U-net 模型的编码器部分进行改进,使其具有更好的红外图像分割性能。

(1)堤防渗漏图像识别基本原理

基于堤坝渗漏区域的低温特征,本研究基于注意力机制对 U-net 模型的编码器部分进行改进,使其具有更好的红外图像分割性能。其核心思想是利用来自温度兴趣区的辅助信息来对红外图像数据进行融合(图 2-18),从而更加精准地提取红外图像中的渗漏区域,实现堤坝渗漏区域精确识别。

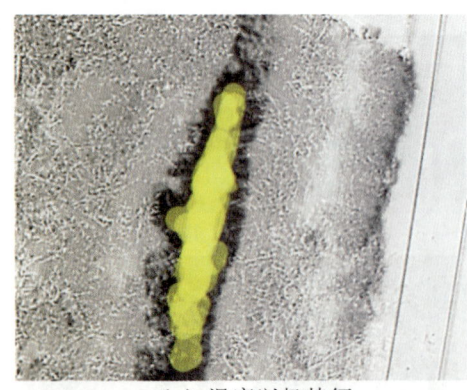 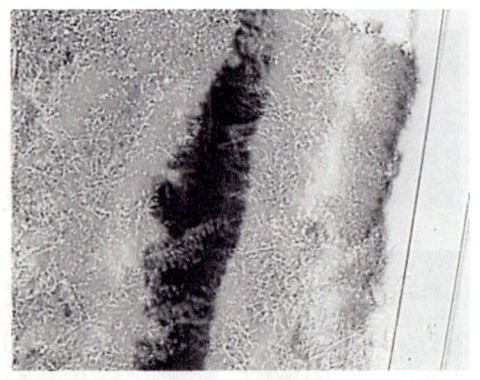

(a)温度兴趣特征　　　　　　(b)红外图像

图 2-18　温度兴趣特征与红外图像

本研究所改进的网络基于著名的 U-net 模型架构。该架构由具有跳跃连接的全卷积编码器和解码器子网组成,编码器中的层采用了卷积层和最大池化层的级联。这种方式会降低输入图像的分辨率并提取越来越多的抽象特征。解码器包括卷积层和上采样层,这些卷积层和上采样层提供用于将提取的特征图的空间分辨率恢复到输入图像的初始水平的扩展路径。U-net 模型架构的独特之处在于,存在从编码器收缩路径中的特征图到解码器中相应层的跳跃连接。编码器和解码器各层的功能通过跳跃连接进行级联合并,从而可以恢复图像中对象的空间精度,并改善生成的分割蒙版。尽管网络的中央层提供具有语义丰富的数据表示和较大的接受域的高级功能,但由于沿收缩路径对最大池化层进行了下采样,因此它的空间上下文详细信息级别也较低,影响预测中对象边界周围的定位精度。跳跃连接提供了一种手段,可将低级特征信息从编码器中的初始高分辨率层传输到解码器中的重建层,从而以预测的分段方式恢复本地空间信息。U-net 模型架构在医学图像与工程影像中应用广泛。

改进的渗漏分割网络如图 2-19 所示,输入图像为红外图像,温度兴趣特征图为辅助输入,该辅助输入的图像为无人机地面站按照指定温度生成的温度兴趣特征图,注意力模块以图像金字塔的形式在编码器的收缩路径上的所有层中引入比例缩小的温度兴趣特征图,使得网络将注意力集中在温度兴趣特征图上指定温度的标记区域上。更具体地说,引入的注意力模块将更多的权重放在每层提取的特征图中渗漏特征较高的区域上。因此,温度兴趣特征图的拓扑结构会影响 U-net 网络学习特征的能力。

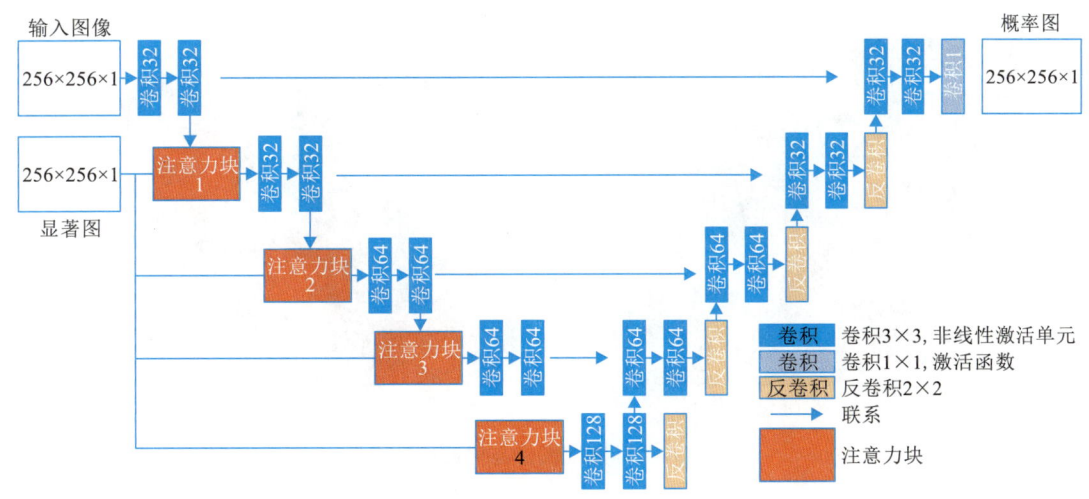

图 2-19 改进的渗漏分割网络

(2)现场实验验证

为进一步验证算法的有效性,采取室外实验的形式进行现场实验验证,实验地点位于山东平邑公家庄水库,现场环境如图 2-20 所示。本次实验的软件平台为 64 位 Windows10,硬件平台为大疆经纬 M210 V2,搭载禅思 ZENMSE XT2 热成像云台相机,图像大小为 640 像素×512 像素,俯仰角为 25°~19°,测温精度为 0.1℃。在实验开始前找到指定的坝体渗漏点标注在地图上,并规划飞行路线。实际渗漏图像与对应红外图像如图 2-21 所示,实验环境温度为 17.5℃,水温为 14.1℃,空气湿度为 28%。

1)实验步骤

首先将无人机按照指定高度与速度飞行,航拍的采集频率由飞行控制端自动生成,图像处理端接收可见光图像与红外图像,调整图像到合适大小。

2)实验结果处理

首先对图像进行裁剪,只保留渗漏区域,图像大小为 640 像素×512 像素,然后按照本书提出算法对渗水区域进行识别,实验结果及方法对比如图 2-22 所示。

图 2-20　公家庄水库实验现场环境

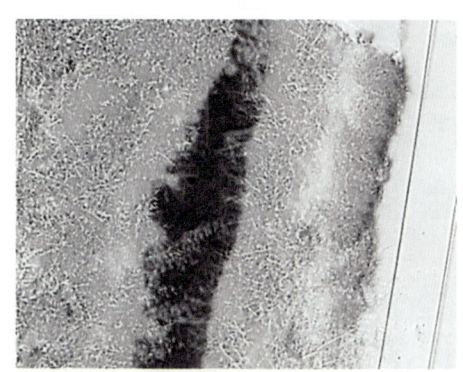

（a）实际渗漏图像　　　　　　　　　（b）对应红外图像

图 2-21　实际渗漏图像与对应红外图像

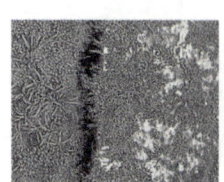

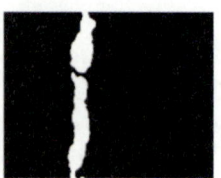

（a）红外图像　　　（b）标签　　　（c）阈值法分割　　　（d）本书提出的分割方法

图 2-22　实验结果及方法对比

(3)堤坝渗漏算法评估标准

渗水区域提取结果以二值图像的形式表现，因此可以将图像的识别结果与人工标注的真实的渗漏情况进行比较，作为评估算法精度的标准。采用 IoU、错配率、面积比和检测时间 t 作为图像检测中的评价指标。

$$S_{ms}=\frac{S_{pp}}{N_r} \tag{2-2}$$

$$\xi=\frac{N_p}{N_{\text{total}}} \tag{2-3}$$

式中：S_{ms}——错配率，其值越小，表示越接近真实的情况；

S_{pp}——背景中被预测为渗漏的区域；

ξ——渗漏区域占整幅图像的面积比；

N_r——真实的渗漏区域；

N_p——算法提取的渗漏区域；

N_{total}——检测区域的总面积。

堤坝红外热成像渗漏检测算法性能如表 2-2 所示。

表 2-2　　　　　　　　堤坝红外热成像渗漏检测算法性能

评价指标	人工检测	阈值法	本研究提出算法
$IoU/\%$	100.00	72.54	91.33
$S_{ms}/\%$	0.00	4.42	0.48
$\xi/\%$	10.49	14.43	10.40
t/s	—	0.009	0.069

由表 2-2 可知，渗漏区域提取的 IoU 为 91.33%，S_{ms} 为 0.48%，均优于同类检测算法，检测时间为 0.069s，虽然不如阈值法运行时间短，但已能够基本满足实际工程的快速检测需要。模拟实验中 ξ 已经到达了 10.40%，说明该区域存在大面积渗漏现象，需要及时进行维修加固。

2.1.5　堤防无人机巡检系统测试

(1)堤坝表观破损检测系统测试

为进一步排除无关干扰，获取高质量的堤坝表面图像数据，提高检测效率，在进行堤坝无人机检测之前，可以调整拍摄角度、预设无人机飞行路径。

由于堤防坡面具有一定的倾斜角度，在进行检测之前需合理设置云台检测相机与坡面的拍摄角度，使无人机载云台相机的镜头与坡面保持垂直。在采集堤坝表面数据时，采用无人机路径规划功能，实现堤坝表面数据的自动采集。首先利用堤防的图纸，按照每张照片的采集面积，将堤防表面划分为大小相等的小块区域并计算区域中心位置坐标，然后将中心位置坐标转换为世界坐标系输入到无人机的路径规划系统，使无人机在固定位置实现定点拍摄，最后按照无人机的飞行拍摄顺序对图像进行命名，如命名为 10101100 的照片表示第一行第一列位置的图像，拍摄距离为 10.0m。

数据采集场地选取为乐陵市碧霞湖，现场环境如图 2-23 所示。该处堤防建成于 2008 年，坝型为碾压式均质土坝，经观测发现该处堤坝迎水坡存在较多的横向裂缝。为测试系统的准确性，采用多角度拍摄的方法模拟纵向裂缝、斜向裂缝和网状裂缝。本次测试飞行高度为 10m，共采集图像数据 250 张，经过初步筛选，剩余 214 张符合质量的图像，为方便后期数据统计，保留质量相对较高的 200 张图像作为本次测试对象，其中裂缝图像 100 张，无裂缝图像 100 张，图像大小为 400 像素×400 像素。

（a）碧霞湖现场　　　　　　　　　（b）现场图像采集

图 2-23　数据采集现场环境

首先，在软件界面选择载入路径，将无人机采集到的图像数据导入系统，堤坝真实图像数据如图 2-24 所示；其次，单击"配置"按钮，进入参数选择，本次测试采用默认参数配置；最后，单击"裂缝识别"按钮，系统进入裂缝识别阶段，识别结果采用召回率、准确率和单幅图像平均识别时间 3 个指标进行量化，裂缝结果如表 2-3 所示。

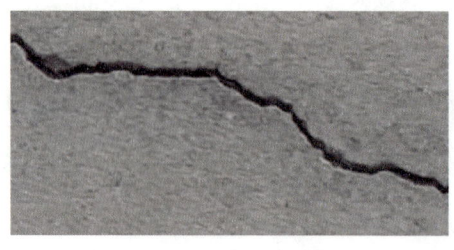 

（a）堤坝裂缝图像　　　　　　　　　（b）堤坝无裂缝图像

图 2-24　堤坝真实图像数据

表 2-3　　　　　　　　　　　裂缝识别结果

分类器	召回率/%	准确率/%	单幅图像平均识别时间/s
本书提出的算法	92.00	90.5	0.072

由表 2-3 可知,对于真实的堤坝裂缝数据,本书提出的算法出现少量误检和漏检现象,其中误检现象的出现大部分是由树叶、石块、树枝干扰等引起的,漏检现象是由图像采集对比度低导致的。

裂缝识别完成后,系统提示"裂缝识别完成",单击"裂缝检测"按钮,系统进入裂缝信息提取阶段,单击"保存结果"按钮,可以将裂缝参数信息保存至表格中,部分堤坝裂缝检测结果如表 2-4 所示。

表 2-4　　　　　　　　　　部分堤坝裂缝检测结果

序号	文件名	图像大小/(像素×像素)	裂缝类型	拍摄距离/mm	裂缝长度/mm	裂缝宽度/mm	裂缝面积/mm
1	10101100.jpg	400×400	斜向裂缝	10000	320	9	2612
2	10102100.jpg	400×400	斜向裂缝	10000	399	8	2686
3	10103100.jpg	400×400	斜向裂缝	10000	334	12	2547
4	10104100.jpg	400×400	斜向裂缝	10000	381	8	2551
5	10105100.jpg	400×400	斜向裂缝	10000	451	10	2700
6	10106100.jpg	400×400	斜向裂缝	10000	472	8	2875
7	10107100.jpg	400×400	斜向裂缝	10000	253	3	1812
8	10108100.jpg	400×400	斜向裂缝	10000	279	3	1209
9	10109100.jpg	400×400	斜向裂缝	10000	208	3	1588
10	101010100.jpg	400×400	斜向裂缝	10000	487	10	5033

(2)堤防渗漏检测系统测试

场地选取为某处无遮挡河堤,河堤可见光图像如图 2-25(a)所示,拼接后的河堤红外图像如图 2-25(b)所示,环境温度 17.2℃,水温 15.1℃,空气湿度 54%。

(a)河堤可见光图像

(b)拼接后的河堤红外图像

图 2-25　河堤检测图像

打开软件渗漏检测界面,单击"载入图像",将堤坝原始红外图像载入,然后打开参数配置窗口,对渗漏检测参数进行配置。参数配置完成后,单击"渗漏识别",软件将按照本书提出的堤坝渗漏检测算法对渗漏区域进行检测提取,检测结果将显示在软件渗漏图像区域,渗漏检测参数信息将显示在渗漏信息区域。在渗漏检测完成后,软件提示渗漏检测完成,单击"参数显示"可以看到当前参数配置,单击"保存图像"可以保存渗漏区域提取结果,单击"保存结果"可以保存渗漏的参数信息,堤坝渗漏检测结果界面如图 2-26 所示。

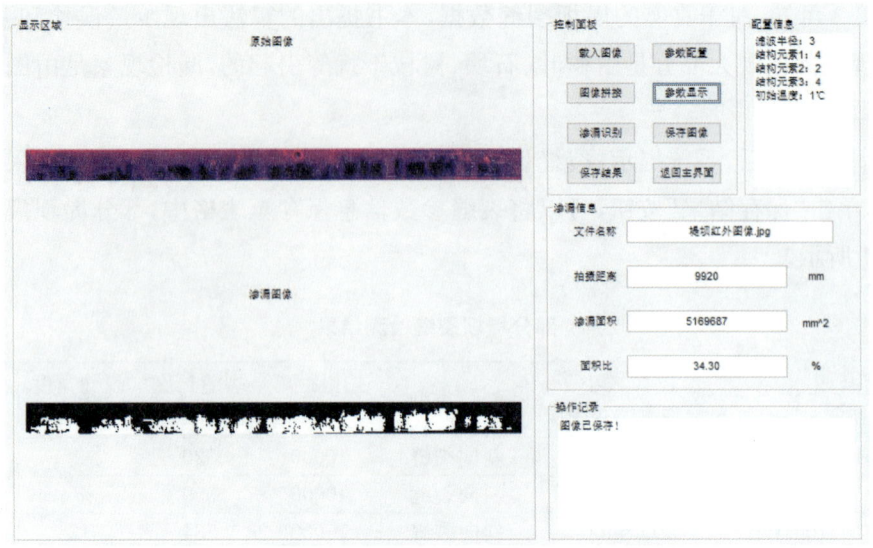

图 2-26　堤坝渗漏检测结果界面

渗漏识别结束后,采用人工分割图像与本书提出算法进行对比,渗漏检测结果对比如图 2-27 所示。

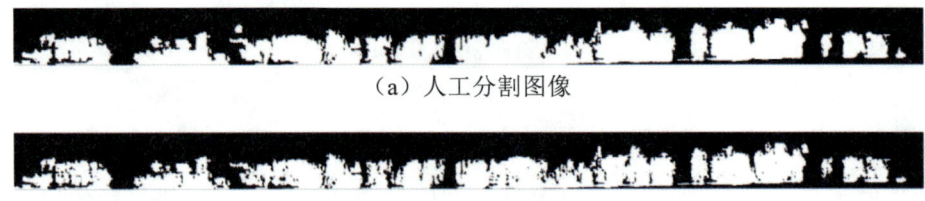

（a）人工分割图像

（b）本书提出算法

图 2-27　渗漏检测结果对比

采用评价指标 IoU、错配率、面积比和检测时间对检测结果量化分析,人工检测与本书提出算法对比如表 2-5 所示。

表 2-5　　　　　　　　　人工检测与本书提出算法对比

评价指标	人工检测	本书提出算法
$IoU/\%$	100.00	92.17
$S_{ms}/\%$	0.00	0.22
$\xi/\%$	42.61	34.30
t/s	—	0.921

由表 2-5 可知,本书提出算法的 IoU 值保持在 90% 以上,错配率保持在 1% 以下,可见本书提出的算法能够对堤坝渗漏进行有效识别。同时对较大视场的图像识别时间仅为 0.921s,能够很好地满足快速检测需求。

2.2 堤防险情时移电法探测技术与装备研究

2.2.1 堤防险情时移电法探测技术概述

长期运行条件下堤坝工程不可避免地存在不同程度的质量隐患，高水位时易发展形成渗漏险情，严重威胁堤坝工程的安全。高效、精准地探测隐患分布及位置，有的放矢地进行防渗处理，是实现堤防工程除险保安目标的前提。

目前，在精准、高效探测方面仍面临着一系列关键技术难题：①堤坝渗漏隐患复杂多变，而堤坝土体与渗漏水体均具有低电阻率特征，将复杂渗漏问题分类匹配电性响应特征并进行渗漏探测的机理仍不明确；②堤坝属一侧临空、一侧临水的梯形非平面半空间结构，采用传统的瞬态渗漏探测技术，其复杂的空间结构及外部条件会引起电场在堤坝表面发生剧烈弯曲，且复杂几何体结构的电法探测工作布置，极大地降低了探测准确度及效率；③受堤坝现场环境、隐患程度等影响，常用的地质雷达、地震影像、大地电磁和高密度电法等主要地球物理探测方法都存在其多解性与局限性问题。因此，围绕堤坝渗漏隐患精准探测需求，探明堤坝渗漏隐患电性响应特征，开发适应堤坝特殊空间结构的渗漏隐患演化探测技术及装置，提出以电法为基础的堤坝隐患综合地球物理探测技术，有利于加快推进精准物探技术在堤坝防渗加固工程建设中的全面应用。

针对堤坝土体与渗漏水体均具有低电阻率的特征，为进一步提升高密度电法探测堤坝渗漏隐患的精准度，构建堤坝体受水位、断层、隔水层、透水层等影响形成的管状、层状、裂隙网络散状等渗漏隐患电阻率低值异常的电场正演模型，系统分析渗漏通道大小、厚度、深度、倾角裂隙等因素对渗漏电场响应特征的影响规律，探明堤坝渗漏电场响应特征与电法探测机理，对比验证不同反演方法的分析效果，为堤坝渗漏探测成果解析及观测系统研发提供理论支撑。

针对堤坝工程特殊的梯形非平面半空间结构对高密度电法探测精度的不利影响，提出适应堤坝复杂几何体结构的电法探测工作布置方式与高效并行采集方法，研发一种空间阵列分布电阻率层析成像观测系统及单极—偶极型并行测量跑极装置，开发适用于渗透滑动过程实时追踪的电阻率层析成像观测系统，实现对堤坝结构电阻率分布空间的准确、精细、连续成像探测。

针对高密度电法瞬态探测存在的耗时长、准确率偏低，难以辨明渗漏的具体范围、发展状态并实现动态风险评估的问题，基于阵列式观测布置的电法检测数据的多通道并行采集方式，研发交互式直流电法探测装备，解决紧急情况下的险情数据快速无人采集与远程自动传输的难题；开发多元信号触发采集功能，实现堤坝渗漏土体性状变化的智能化追踪成像监测，提升数据采集及探测效率。

2.2.2 堤防险情隐患电性响应特征研究

(1)堤身土体物性参数与电阻率关系研究

采用 Miller Soil Box 四相电极法开展测试工作(图 2-28),仪器设备选用法国 IRIS 公司 SYSCAL PRO 高密度电法仪 1 台,供电电源 1 台,Miller Soil Box 标本盒 2 个。

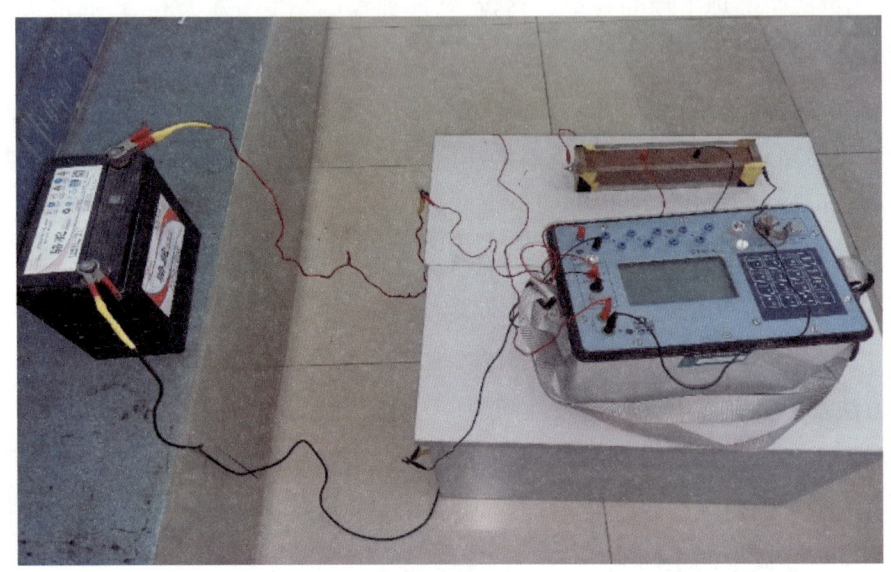

图 2-28　土体电阻率测试工作

在一定含水率下,采用轻型分层击实法分别制备不同密实度的试样,按照 6 种密实度(75%～100%)下的测量方案,依次开展电阻率测试。

根据长江堤防典型粉质壤土土质含水性能和击实情况,实地含水率变化范围为:①15.9%以下,含水率的配制变化为 2%～3%;②15.9%～35%,含水率的配制变化为 1%～2%;③35%以上,含水率的配制变化为 2%～3%,含水率设计上限为液限含水率。

本次共完成了 18 个含水率、6 个不同密实度(98%,94%,90%,85%,80%,75%)下长江堤防粉质壤土的电阻率响应测试。测试结果如表 2-6 所示。

经统计,当含水率为 12%～22.9%,密实度大于 94%时,在同一密实度下,含水率每变化 1%,电阻率变化率在 5%以上;当含水率不大于 12%时,含水率每变化 1%,电阻率变化率在 30%以上;当含水率不小于 35%时,电阻率值较小且变化不大,同一密实度下,含水率每变化 1%,电阻率变化率均小于 3%。这说明试样土体在含水率低于 35%时,尚处于未饱和状态,土体电阻率与含水率的关系密切,电阻率的变化受含水率影响较大。由表 2-6 可知,22.9%以下的含水率变化段对电阻率的影响最明显。粉质壤土不同密实度下含水率—电阻率关系曲线如图 2-29 所示。

表 2-6　　　长江堤防粉质壤土不同含水率、密实度下的电阻率测试结果

含水率/%	电阻率/(Ω·m)					
	密实度98.0%	密实度94.0%	密实度90.0%	密实度85.0%	密实度80.0%	密实度75.0%
6.1	98.00	137.74	178.17	288.23	462.33	616.03
10.4	42.50	57.74	85.17	134.67	196.04	284.12
12.0	38.40	45.56	64.22	98.58	142.88	179.35
15.9	31.00	35.62	42.19	56.98	72.96	98.93
16.9	28.01	32.93	40.80	50.84	68.07	85.84
19.0	22.90	28.97	31.50	42.30	52.35	70.57
20.9	21.60	26.02	29.64	35.05	46.28	62.35
22.9	20.05	23.76	25.70	33.21	42.80	54.50
25.0	19.99	22.70	24.40	29.90	34.63	44.20
27.0	19.22	20.50	22.56	25.16	29.37	36.01
28.9	18.50	19.79	21.38	24.33	27.89	31.05
30.0	18.10	18.63	20.31	22.57	25.01	26.89
31.1	17.80	18.05	19.14	21.47	24.25	24.98
32.1	16.20	17.94	18.62	19.29	20.84	23.08
33.0	17.00	17.42	18.44	18.89	20.39	22.76
35.0	16.80	16.22	16.34	18.70	19.95	21.82
38.0	16.50	16.12	16.14	18.50	19.84	21.36
40.2	15.30	16.92	16.11	18.30	19.20	20.39

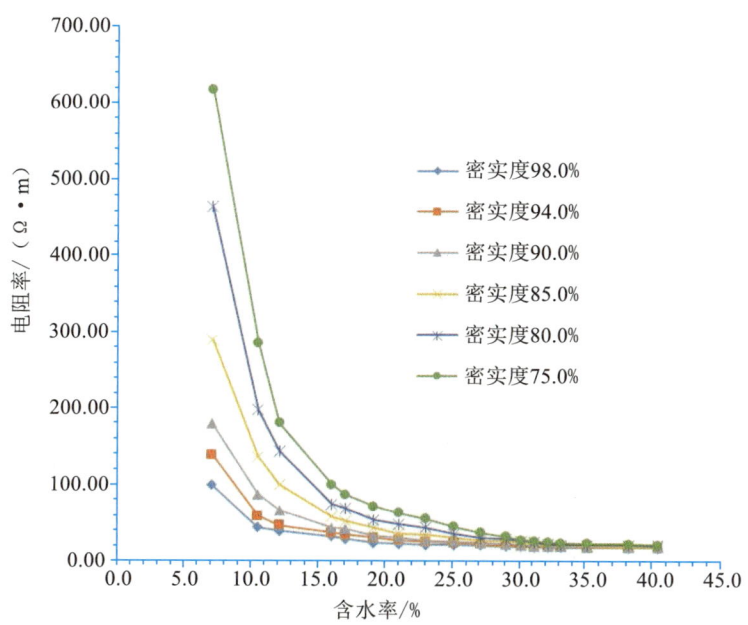

图 2-29　粉质壤土不同密实度下含水率—电阻率关系曲线

电阻率与含水率呈递减的幂函数关系。液限(粉质壤土液限为41.8%、塑限为24.4%、塑性指数为17.5)范围内,未饱和状态时,在一定密实度下,含水率越大,电阻率越小;曲线形态以含水率=12%为拐点。当含水率低于12%时,随着含水率的增大,电阻率减小的速率加快,曲线梯度变化增强;当含水率为12%~30%时,随着含水率的增加,电阻率减小的速率放缓;当含水率大于30%时,曲线斜率变小,形态趋向平缓,随着含水率的增加,电阻率受含水率的变化影响越来越小,且越趋近液限含水率,这种变化特征越明显。也就是说,当含水率较小时,含水率的变化对电阻率影响很大;当土样含水率趋于饱和时,含水率对电阻率的影响程度减小。另外,曲线也揭示:在含水率不变的条件下,密实度越大,电阻率越小;密实度越大,曲线曲率越小;随着含水率的增大,不同密实度下的电阻率曲线逐渐重合,当试样土含水率达35%以后,不同密实度含水率—电阻率曲线逐渐趋向某一稳定值,也就是说,越接近液限含水率,密实度对电阻率的影响就越小。

通过曲线拟合分析,对于长江1级堤防的粉质壤土,堤防土体密实度基本在94%左右,则其对应的关系式为:

$$\rho = 14890 \times w^{-2.475} + 16.26 \qquad (2\text{-}4)$$

式中:ρ——电阻率,%;

w——含水率,%。

20.9%、25.0%、30.0%、35.0%、40.2%五种含水率下的密实度—电阻率关系曲线(图2-30)反映了试样土体密实度变化对电阻率的影响。由图2-30可见,含水率越小,曲线曲率越大;在一定含水率下,密实度越大,土颗粒间孔隙度越小,颗粒间接触面积变大,单位离子数量也越多,电阻率就越小。同时,当含水率不小于35%时,越接近液限含水率(液限含水率为41.8%),曲线曲率就越小,变化越平缓,密实度对电阻率的影响就越小。

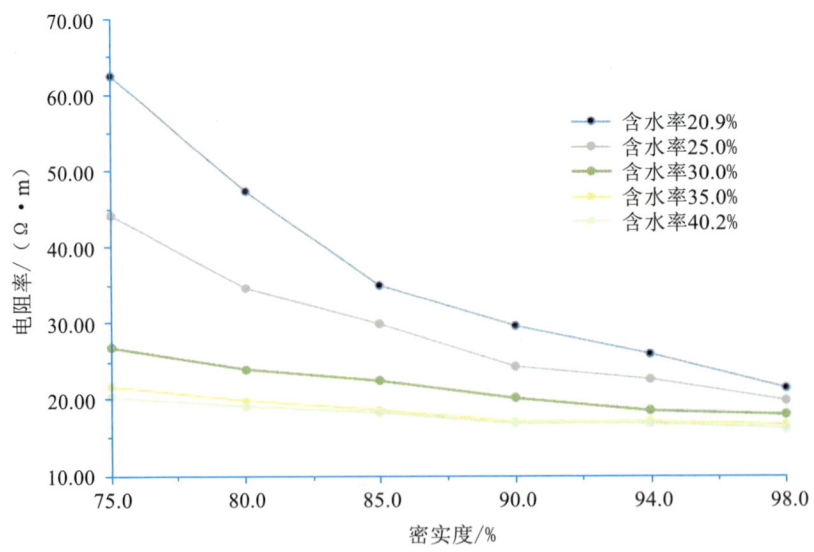

图2-30 粉质壤土不同含水率下密实度—电阻率关系曲线

(2) 堤防典型隐患时移电法正演数值分析

均质土堤坝受水位、断层、隔水层、透水层等影响，易形成管状、层状、裂隙网络散状等渗漏隐患，为系统分析不同渗漏通道大小、厚度、深度、倾角裂隙等因素对渗漏电场响应特征的影响规律，以均质土堤身为例，采用高密度电法温纳装置，建立了均质土堤坝三维电阻率模型，开展了管状、层状、裂隙网络散状等电性相应特征分析。以期探明堤坝渗漏电场响应特征与电法探测机理，通过对比验证不同反演方法的分析效果，为堤坝险情探测成果解析及观测系统研发提供理论支撑。

均质土堤坝内部物质构成较为单一，因此一般在没有异常隐患的情况下，堤坝整体电阻率较为均匀。以长江典型1级堤防断面尺寸为例，堤防剖分网格及其示意图如图2-31所示。

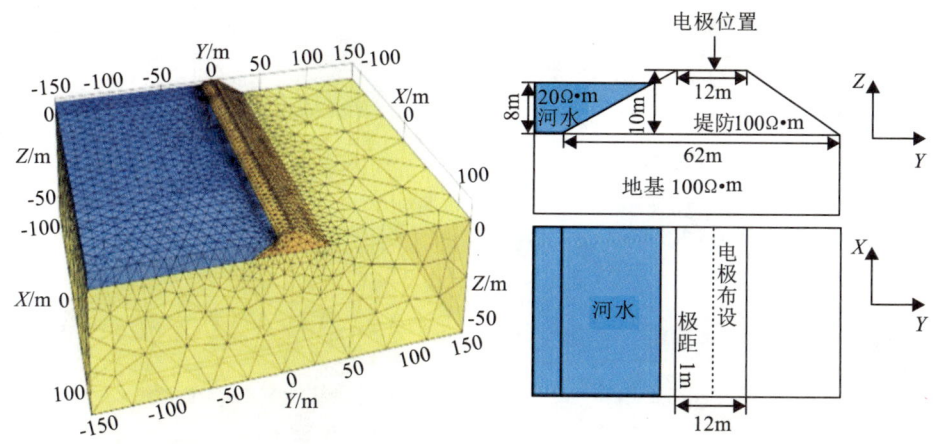

图2-31　堤防剖分网格及其示意图

长江典型1级堤防结构数值模型：堤身高为10m，堤顶上部宽度为12m，下部宽度为62m，内部电阻率整体设置为100Ω·m。

考虑到河水的影响主要集中在一定范围内，在范围之外的河水对正演计算影响不大，因此在保证结果不受影响的前提下，设置河水上、下游宽度为200m，空间中的剖分长度为200m，河水深度为8m，在空间网格剖分中，堤身沿垂直河水流动方向的中轴线平行于空间坐标系的X轴，堤身整体均匀分布在坐标轴两侧，河水上游位于Y轴负方向，河水电阻率设置为20Ω·m。

采用高密度电法温纳装置进行测量，工作道数取120道，点距为2m，供电电流大小设计为10A，数据处理为同一地点不同时刻的电阻率与初始时刻的电阻率的百分比变化(M_ρ)，$M_\rho = [(\rho_{观测} - \rho_{初始})/\rho_{初始}] \times 100\%$。在网格剖分策略上，由于采用的是非结构四面体网格单元，因此可以根据需求在发射源和接收点处以及堤坝内部结构等需要计算精度较高的部位使用较小且较精细的单元网格进行精细剖分建模，在外扩空间和对模拟计算影响不大的地方采用较大且较粗糙的单元网格进行粗略的剖分，在保证整体精度的同时使得建模所需要的四面体单元网格总数大大降低，提高计算效率。

1)管状渗漏模型

由于堤身填充材料透水性过强等,堤身内部在水流、温度变化、生物活动等各类因素影响下,可能会产生管状通道并对堤防的稳定造成影响。管状通道本身的形成是一个较为复杂的过程,在地球物理数值模拟计算中,为了便于分类研究,在堤身模型上设置单一变化的管状体(渗漏电阻率取 20Ω·m),管状渗漏模型及网格剖分如图 2-32 所示,渗漏位于堤身中心位置,管状体沿河水流动方向布置,管状体中心与堤身中心重合,用于模拟管状渗漏类型。

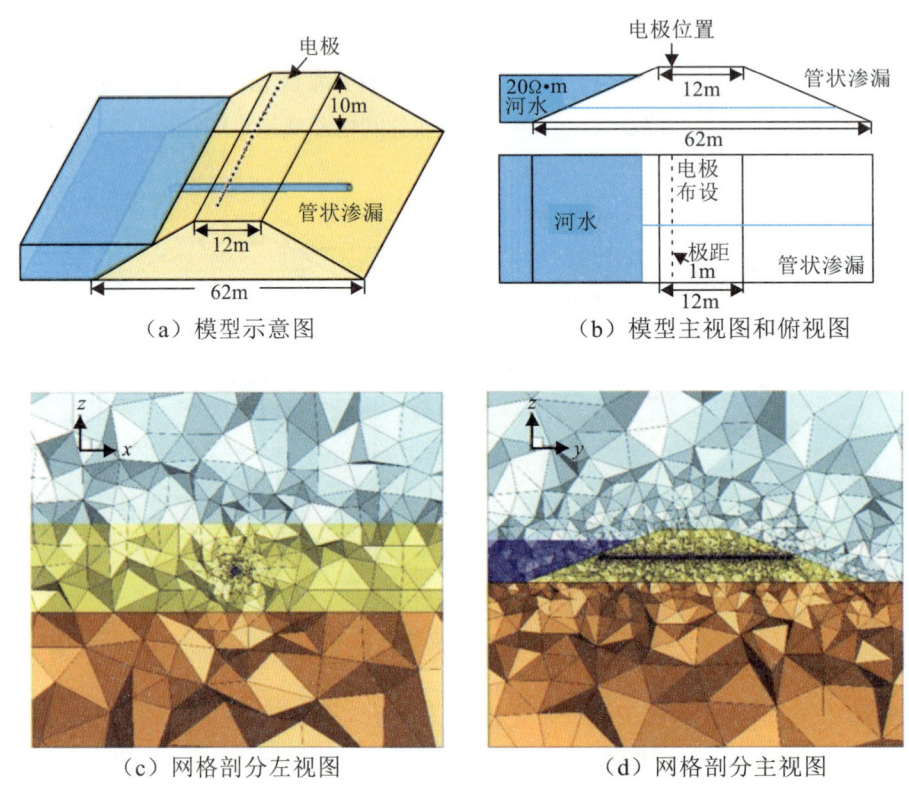

图 2-32 管状渗漏模型及网格剖分

①定埋深($d=6$m):设置 5 种管径,分别为 0.1m、0.2m、0.3m、0.4m、0.5m。

②定管径($\varphi=0.2$m):设置 4 种埋深,分别为 4.5m、6.0m、7.5m、9.0m。

管状渗漏电位响应曲线如图 2-33 所示,从图 2-33(a)中可以看出,随着管状渗漏的直径 φ 的增大(从 0.1m 变化到 0.5m),相对电位变化也逐渐变大,信号幅值总体在 5~60mV;在图 2-33(b)中,当管径为 0.2m 时,对于不同埋深 d 的定径管体,随着深度的增加,电位变化逐渐变小,总体在 2~30mV。

定埋深时 5 种管径下视电阻率变化率断面如图 2-34 所示。在图 2-34 中,随着管状渗漏的直径不断增大,异常响应强度逐渐增大。定管径时 4 种埋深下视电阻率变化率断面如图 2-35 所示。在图 2-35 中,视电阻率变化率为负相关异常,随着管状渗漏深度的不断加深,异常响应中心不断下移,并且响应强度逐渐降低。

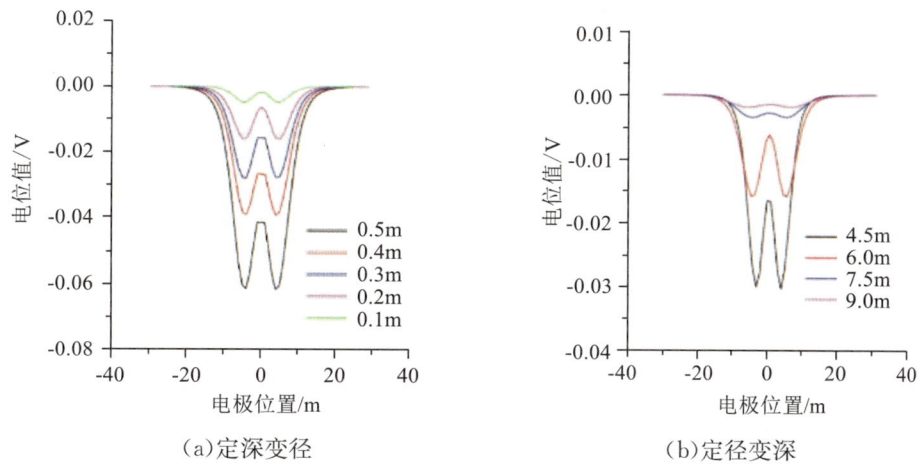

图 2-33 管状渗漏电位响应曲线

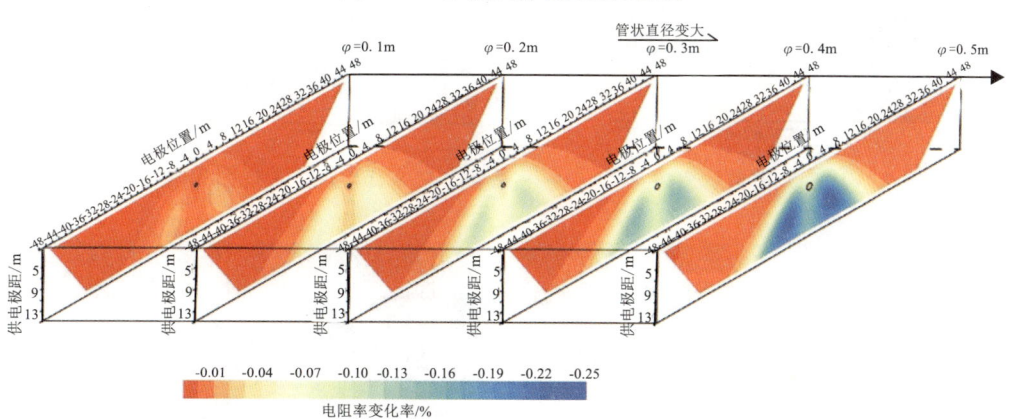

图 2-34 管状渗漏直径分别为 0.1m、0.2m、0.3m、0.4m、0.5m 时的视电阻率变化率断面

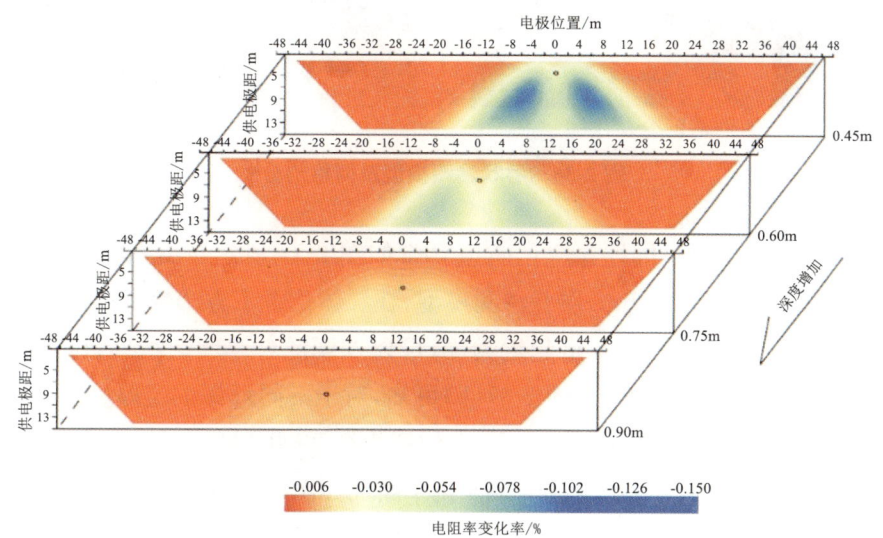

图 2-35 管状渗漏埋深分别为 4.5m、6.0m、7.5m、9.0m 时的视电阻率变化率断面

在剖分网格时,对管状体、电极和堤坝采用精细的网格剖分,堤坝周边因影响较小而采用较粗的网格。由于堤坝隐患会因自然环境等因素发展变化,因此可以通过时移电法来监测堤坝隐患不同时间的相对变化。

2)层状渗漏模型

在堤坝内部设置一个渗漏层(电阻率 $\rho=20\Omega\cdot m$),模拟河水渗入大坝内部,甚至贯穿整个堤坝(图2-36),网格剖分方式与管状渗漏同理。

①定埋深($d=6m$):设置4种渗漏层厚度,分别为 0.15m、0.20m、0.25m、0.30m。

②定渗漏层厚度($h=0.25m$):设置4种埋深,分别为 4.5m、6.0m、7.5m、9.0m。

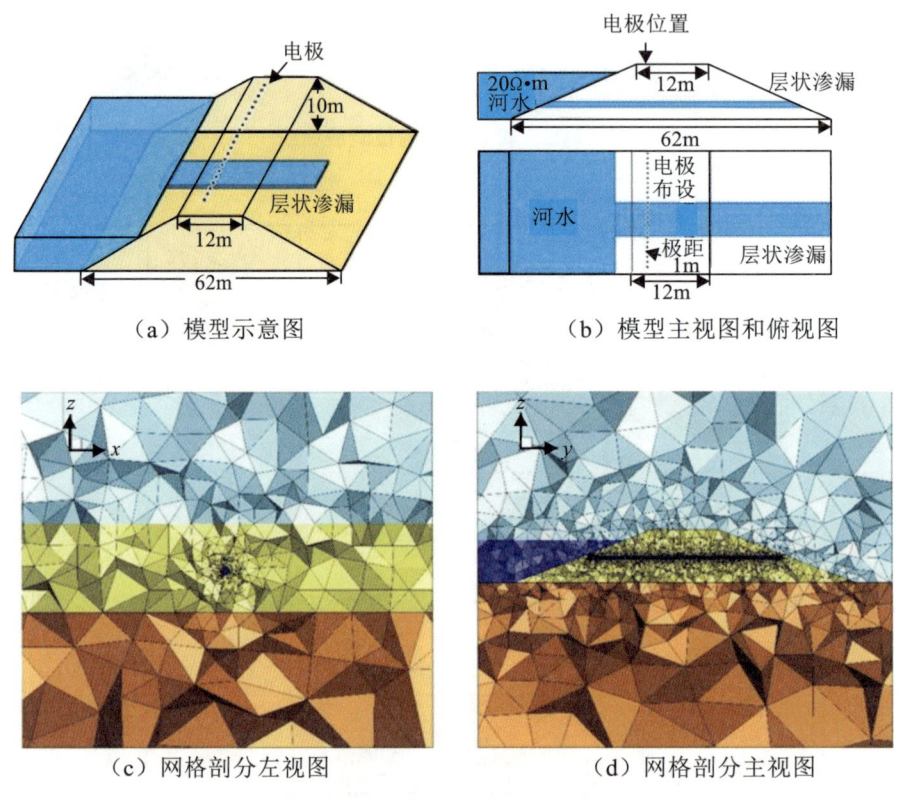

图 2-36 层状渗漏模型及网格剖分

定深不同厚度和定厚不同埋深电位响应异常如图 2-37 所示。由图 2-37(a)可知,对于不同厚度的定深(埋深距坝顶 6m)层状渗漏模型,在层体位置下方产生了规律性的水平状异常曲线,而其他测量区域的异常幅值趋近为零,可以发现随着厚度的增加,相对电位变化也逐渐变大,电位值为 0.6~1.2V;由图 2-37(b)可知,对于不同埋深的定厚(0.25m)层状渗漏模型,随着深度的增加,电位变化逐渐变小,电位值为 0.2~2.0V。

定埋深时4种渗漏层厚度下视电阻率变化率断面如图 2-38 所示。在图 2-38 中,视电阻率变化率为负异常,异常响应出现在板体的正下方,且随着板状渗漏的厚度不断增加,响应强度呈逐渐加大趋势。定渗漏层厚度时4种埋深下视电阻率变化率断面如图 2-39 所示,图 2-39 中,视电阻率变化率为负异常,且随着埋深的增加,异常响应中心逐渐向下移,并且响应强度逐渐变小。

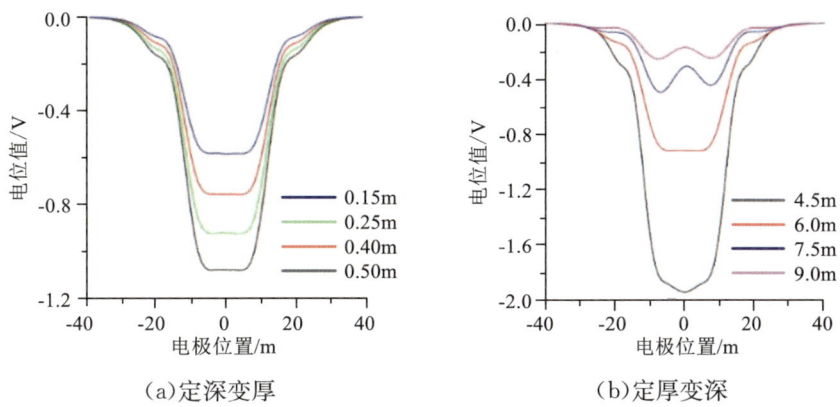

（a）定深变厚　　　　　　　　　　　（b）定厚变深

图 2-37　定深不同厚度和定厚不同埋深电位响应异常

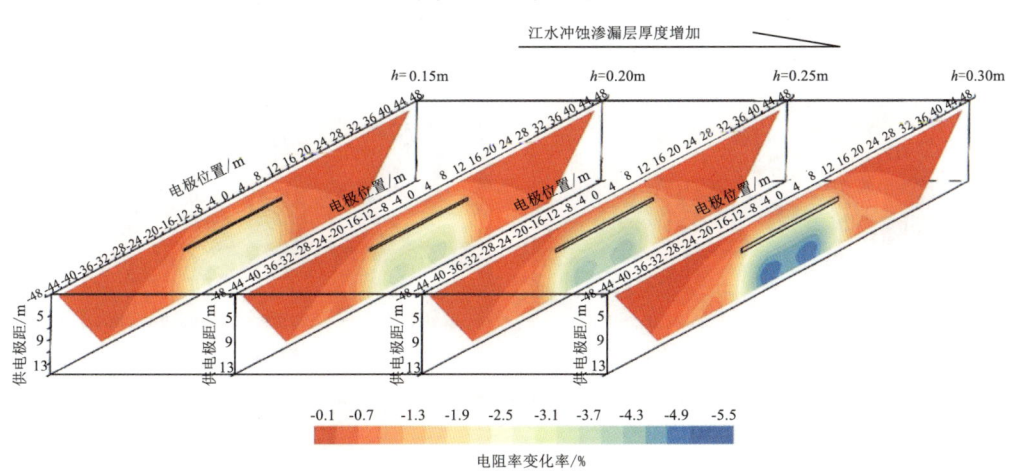

图 2-38　层状渗漏层厚度分别为 0.15m、0.20m、0.25m、0.30m 时的视电阻率变化率断面

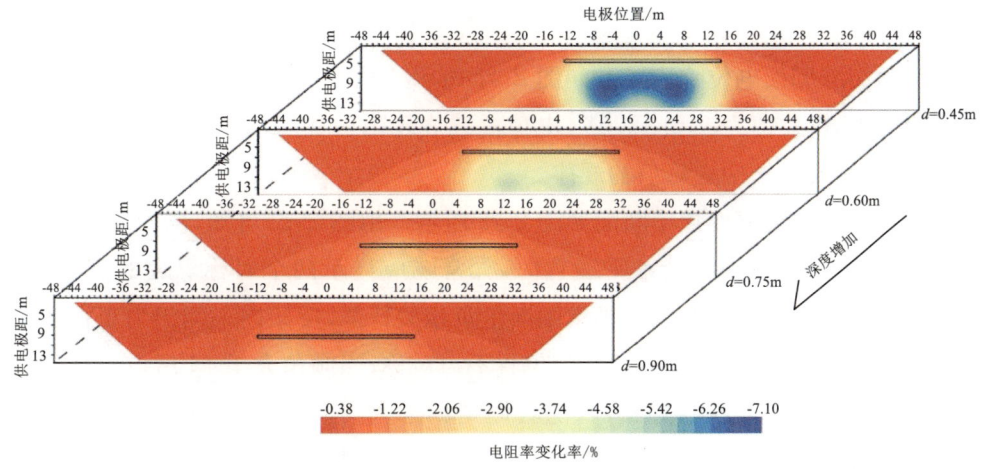

图 2-39　层状渗漏埋深分别为 4.5m、6.0m、7.5m、9.0m 时的视电阻率变化率断面

3)裂缝渗漏模型

裂缝模型分析设置裂缝位于堤身部位(图 2-40),模拟枯水期堤坝裂缝隐患,裂缝性质为非充填型。在该模型下,通过设置不同的裂缝倾斜角度进行分析,来探究不同倾角条件下的裂缝异常响应变化。

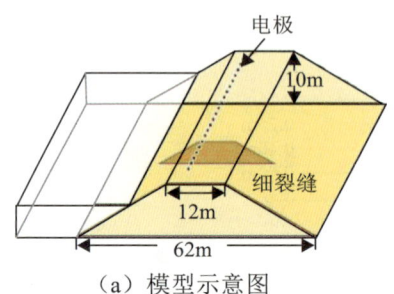

(a) 模型示意图

(b) 网格剖分左视图　　　　　(c) 网格剖分主视图

图 2-40　堤坝裂缝模型及网格剖分

定裂缝宽度 0.1m,垂直堤身走向长 10m,沿堤身下延深度 8m,距堤顶 6m。由于模拟的是枯水期,裂缝中均为空气,空气电阻率为 $10^8\Omega \cdot m$,设置 5 种不同裂缝倾角,分别为 0°、30°、45°、60°、90°。

不同倾角裂缝剖面电位响应异常如图 2-41 所示。从图 2-41 可知,随着倾角的增加,电位变化逐渐变大,电位值为 0.5~8.0V,电位曲线表现出两侧峰值一致,到两侧峰值差距逐渐变大,最终只出现一个中心峰值的规律。

不同角度的视电阻率变化率断面如图 2-42 所示。由图 2-42 可知,视电阻率变化率异常响应特征为正相关异常,当裂缝水平设置时,异常响应显示两个对称等大的正相关峰值异常;当角度逐渐变大,倾向一侧响应异常则渐呈负相关特征,反倾向一侧仍为正相关特征,且两侧峰值位置呈现左高右低的趋势,并且位置不再对称;当倾角大于 45°后,在反倾向一侧的外部也逐渐出现了负相关相伴异常,且随着倾角的加大,强度逐渐增高;到裂缝倾角为 90°时,异常响应特征则表现为一直立的正相关异常,且裂缝中心处的强度最大,同时两侧出现对称的负相关异常响应。

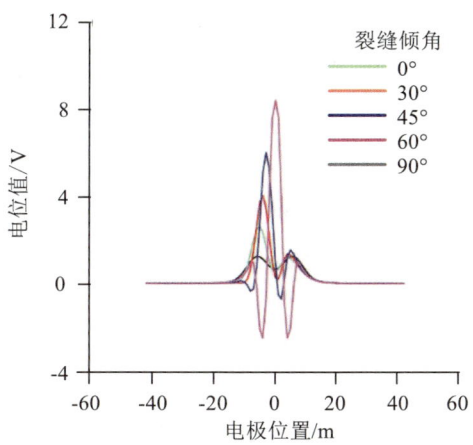

图 2-41 不同倾角裂缝剖面电位响应异常

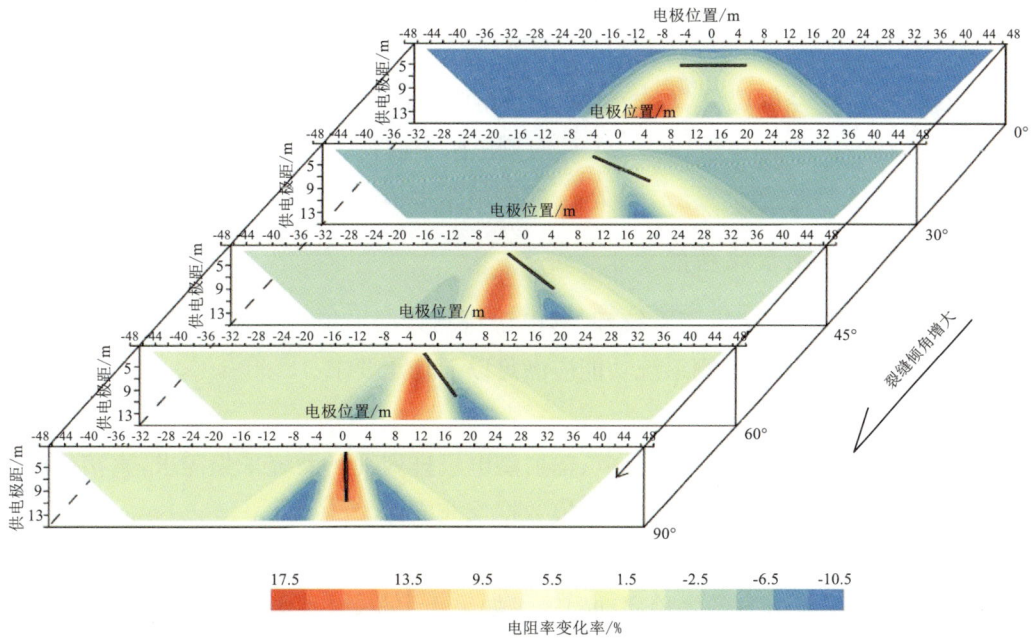

图 2-42 倾斜 0°、30°、45°、60°、90°视电阻率变化率断面

2.2.3 堤防时移电法探测观测系统研究

(1) 时移电法探测基本原理

时移电法探测是在常规直流电法探测的基础上增加一个时间维,即在不同时刻对同一部位采用同一观测系统进行数据采集,分析不同时间电阻率差异,研究地下介质动态变化特征,也称为准三维高密度电法。其基本探测原理与传统直流电阻率法没有本质的不同,仍然采用对称四级、偶极—偶极、三极等装置形式,不同的是其观测方式由瞬态一次性探测转变

为连续的智能监测,同一条剖面(排列)或多条剖面在保持其电极位置固定、观测系统一致的条件下,通过不同时刻的基础数据采集、处理、解译,分析不同时刻介质电阻率的差异特征,探究在外部环境影响下,地下介质电阻率随时间的动态演变规律,持续监测捕捉隐患异常的产生、发展过程,并对其性质、特征做出定量分析与研究。

时移电法数据处理通常是先用正常的反演方法反演背景数据,即采用某一时刻的观测数据作为基准值,将其反演结果用作其他时刻数据反演的初始模型或约束条件,然后一组接一组地反演多组探测数据,可有效地减少反演结果的多解性。为了突出地下介质电性结构局部微小变化部分,可使用基准数据反演结果对不同时刻的反演结果进行电阻率归一化。

$$\begin{cases} D(x,z,t_i) = \rho_s(x,z,t_i) - \rho_s(x,z,t_0) \\ R(x,z,t_i) = \dfrac{\rho_s(x,z,t_i) - \rho_s(x,z,t_0)}{\rho_s(x,z,t_0)} \times 100\% \end{cases} \quad (2-5)$$

式中:$D(x,z,t_i)$——空间位置(x,z)处t_i时刻电阻率值与基准值(t_0时刻电阻率值)的差值;

$R(x,z,t_i)$——空间位置(x,z)处t_i时刻电阻率值相较于基准值的变化率;

$\rho_s(x,z,t_i)$——空间位置(x,z)处t_i时刻电阻率值;

$\rho_s(x,z,t_0)$——空间位置(x,z)处t_0时刻电阻率值(基准值)。

(2)时移电法探测系统功能要求

相比于传统高密度电法探测系统,时移电法探测数据采集量更大,探测范围更广,智能化控制要求更高,时移电法监测系统功能应满足以下几点要求。

1)多线观测

满足时移电法探测新型供—采分离、辐射型电极排列观测系统采集需求,直接获取堤坝内部结构空间电性分布,实现空间三维建模数据反演成像。

2)多模触发

时移电法数据采集应具备多种启动模式。如采用水位、自然电位、质点振动等多元信息预警自动采集,同时具备远程人工启动采集功能,监测频次与水位、测区自然电位及质点振动速度变化密切相关。

3)远程传控

时移电法装备应具备远程传输和远程控制功能,一次布设完成后可自动连续进行数据采集与传输,自动化数据反演、解译,才能满足时移电法探测对岸坡堤坝水体渗透过程实时监测的需求。

4)快速采集

时移电法装备需具备多通道同步采集技术,实现单次供电同时多电极同步测量模式下的采集模式,在采集控制、采集效率、采集范围、数据精度上实现多维度提升,以满足在时间域、空间域上的精准控制和高效、精确、大范围采集要求,提高堤坝隐患变化探测响应速度。

(3)堤防时移电法探测观测系统设计

针对堤坝非平面半空间结构,提出了一种电阻率层析成像观测系统。时移电法探测观测系统(图2-43)包括一套硬件系统(含多通道电法工作站、分布式电缆及惰性金属电极、远参考电位检测装置、水位监测装置)、一种新型辐射型电极排列布置方式、一种单极—偶极型数据测量跑极装置,以及一套系统双预警启动程序。该系统能够解决堤坝复杂几何体结构的电法探测工作布置问题,同时能够满足对渗漏发展过程追踪探测成像的需求。

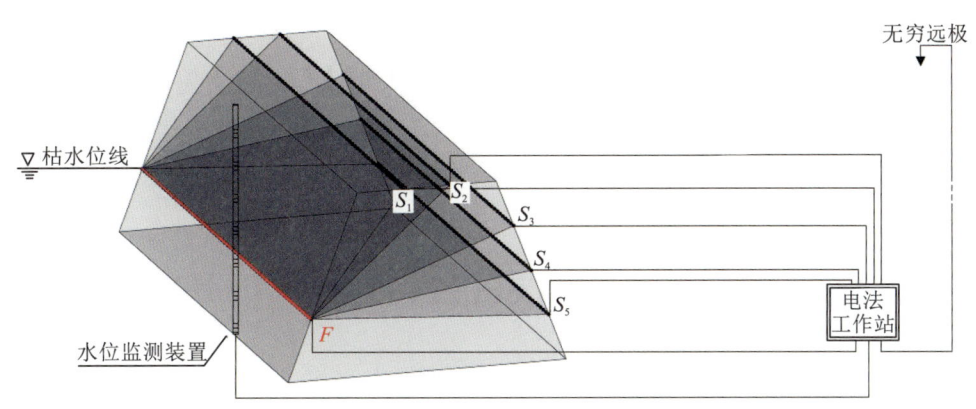

图2-43 时移电法探测观测系统示意图

1)单供多采的辐射型排列布置

采用供电排列与测量排列分开的供—采分离模式,由专门供电排列 F 进行逐一供电,其他所有测量排列同时进行数据采集。在枯水期将供电排列 F 布置于迎水面枯水线附近,供电排列沿水流方向平行堤坝轴线布置;在堤坝顶部及背水面坡面沿水流方向布置多条空间相互平行等间距分布的测量排列 S_i,测量排列间距和条数可根据堤坝结构尺寸大小及探测分辨率要求调整。每条测量排列电极道数和供电发射排列道数相同,且第一道对齐布置。通过将供电排列 F 中每个电极分别作为 A 极与无穷远极 B 供电,将测量排列 S_i 中电极分别作为测量 M 极、N 极进行电阻率滚动测量,采集 F 排列与 S_i 排列空间连线电阻率断面数据,在堤坝内部空间切出 F 与 S_i 排列连线电阻率断面切片,最终获得呈空间扇形辐射状排列的多条视电阻率断面,从而获取堤坝内部空间视电阻率分布数据。

2)单极—偶极型测量跑极装置

单断面测量跑极示意图如图2-44所示。由图2-44可知,将 F 排列中的电极依次作为供电电极 A,供电电极 B 为无穷远极布置于远离堤坝水体的稳定场地中;接收排列中的电极依次作为测量电极 M、N。电极 A—电极 B 供电时,不同接收排列上的测量电极 M、N 可同时进行测量,从而实现单供多采的并行电阻率数据采集。具体跑极方式如下:

①步骤1。供电排列第1道为电极 A_1,电极 A_1 与电极 B 供电时,各条接收排列上的第1道电极 M_1 作为测量电极 M、第2道电极 N_1 作为测量电极 N 进行数据采集,然后保持测

量电极 M 不动,电极 N 向后滚动,极距逐渐增大,直至 MN 极距不超过 A_1M 极距,且 MN 极距与 A_1M 极距差值小于测量排列极距。

②步骤2。供电电极由 A_1 移至 A_2,电极 A_2 与电极 B 供电,各接收排列上的测量电极 M 由 M_1 移至 M_2,电极 M_2、N_2 作为测量电极进行数据采集,然后保持测量电极 M 不动,测量电极 N 向后滚动。

③步骤3。依次往后,重复步骤2,直至供电电极 A 移至发射排列末尾,完成完整断面数据采集。

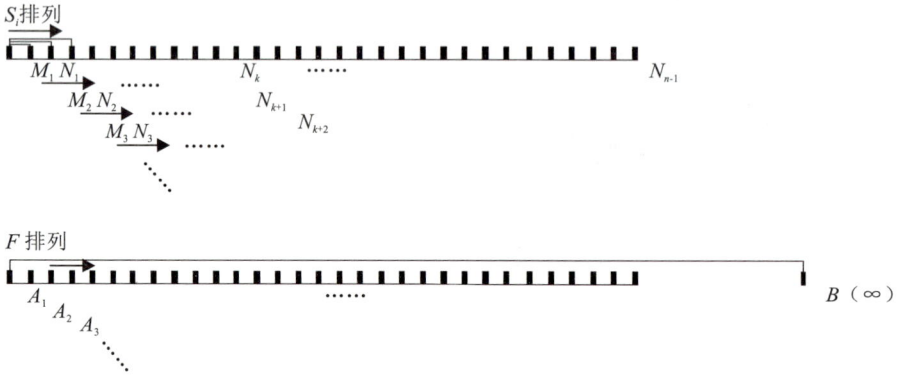

图 2-44 单断面测量跑极示意图

3)远参考自然背景约束电位检测装置

利用多通道电法采集站,运用多通道电位并行快速扫描程序,采集供电及测量排列中的每一根电极与置于稳定场中的无穷远极 B 间的自然电位作为探测区域背景电位,通过电位差值精确计算各测量电极 M 与 N 之间的自然电位差,用于自然电位补偿计算,从而减小采集误差。

4)多元触发启动装置

采用水位、自然电位、振动、雨晴信号预警启动模式。通过置于水中的水位监测装置获取水位信息,通过检测排列与无穷远电极 B 间自然电位突变预警信号,控制数据采集系统的启动。设置分段预警水位,在水位上涨过程中,当水位达到设置的预警水位时,系统启动采集,预警水位的设置根据不同季节气象情况进行动态调整,采集时间间隔根据不同预警水位预先设置;同时在水位稳定阶段通过预设背景自然电位变化阈值和振动阈值,在自然电位动态变化或监测点振动超过阈值时,采集系统自动启动进行数据采集与传输。

2.2.4 堤防时移电法探测装备研发

(1)装备功能设计要求

基于现有的电法多通道采集技术,结合新型供—采分离、辐射型电极排列观测系统设计,改进电极转换开关阵列切换形式,实现空间域上的高效、精确数据采集,同时结合 4G/5G 传输和云数据库存储技术,实现时移电法远程监控。装备功能设计应包括以下内容。

①支持单路电极 A、B 排列供电切换，支持多路电极 M、N 开关同步切换同步采集，单路电极排列至少可搭载 192 道电极转换，以满足大范围阵列采集需求。

②在数据采集过程中，支持低通滤波，50/60Hz 陷波，增益放大和自电补偿等多种技术方法，提高数据采集的质量。

③为满足设备长期不间断工作的需要，供电系统在设计时充分考虑了供电系统的持续性。

④基于 4G/5G 通信技术进行数据传输。

⑤支持多种采集触发模式。

⑥电缆、电极抗腐蚀强，满足长期野外监测要求。

（2）系统设计思路

装备研制从时移电法探测工作基本原理出发，基于空间和时间的探测策略，根据交互式电法探测装备的功能需求分析结果，对装备系统进行了整体设计，交互式直流电法快速探测装备如图 2-45 所示，整个装备系统由主控采集系统、在线监测系统、电源供电系统、电极转换系统及触发装置 5 个部分组成。

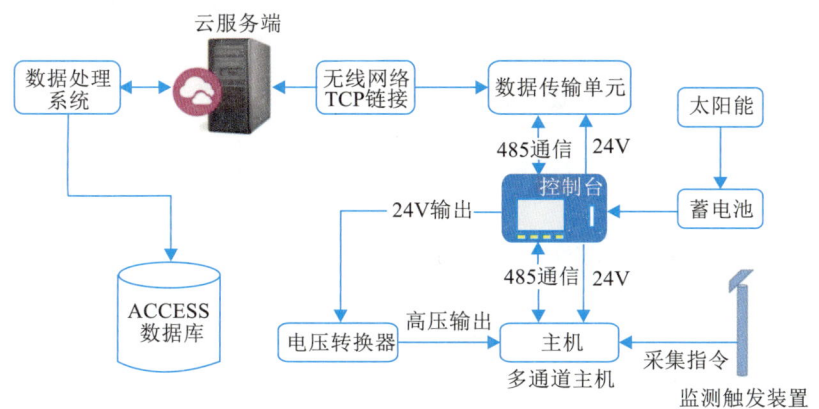

图 2-45 交互式直流电法快速探测装备

1）主控采集系统

负责按照设计的观测系统进行高效、准确的数据采集工作，并将采集后的数据传输给在线监测系统，以进口多通道高密度电法工作站为核心，集成了传感器高密度转换系统、分布式电缆和电极，实现大范围、高效、高精度数据采集。

2）在线监测系统

负责远程与主控采集系统对口衔接，实现探测数据的远程智能传输功能，在线监测系统由控制器、云服务和客户端 3 个部分组成。其中，控制器具有水位预警采集、电位预警采集、定时控制采集和远程控制采集 4 种监测采集模式，控制器与云服务的远程链接通信由 4G/5G 数据传输链路完成。

3)电源供电系统

实现无外接电源自供电功能,可将太阳能转换为电能,为主控采集系统和在线监测系统控制器提供电源,由太阳能板、稳压模块和蓄电池等部分组成。

4)电极转换系统

电极转换系统包括分布式电缆、电极及转换盒。其中,电缆采用级联式高密度电缆、防腐密封接头,电极选用惰性金属不极化电极,光电高速电极转换盒连接分布式电缆以及控制电极切换。

5)触发装置

触发信号接口与位于水中的水位与雨情监测装置相连,实时获取水位信息和雨情信息,当水位达到预定水位线或有雨情时启动高密度电法采集系统。

(3)装备系统开发

1)主控采集系统

主控采集系统作为交互式电法探测装备中最核心的功能模块,负责数据采集方式控制、数据采集、数据存储、数据传输等,为缩短装备的整体研发时间,保证数据采集质量,同时又能满足供—采分离、辐射型电极排列真实三维观测系统,主控采集系统的研发和设计以进口多通道高密度电法工作站为核心,配合自主研发的电极高密度转换系统,完成大范围、高效、高精度的数据采集工作。主控采集系统设计结构如图2-46所示。

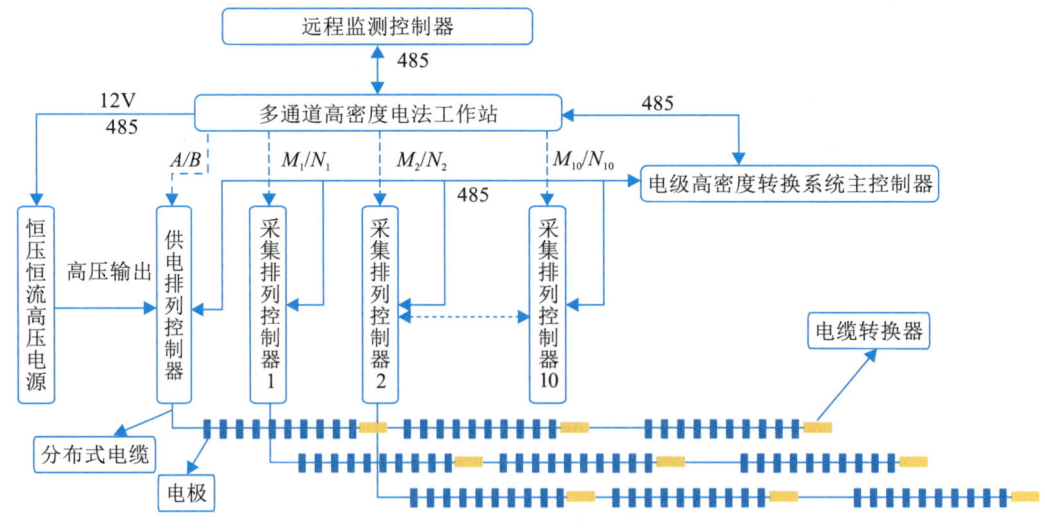

图2-46 主控采集系统设计结构

2)多通道电法工作站

研制的MD-12型多通道电法工作站仪器实物及线路框图分别如图2-47、图2-48所示。该电法工作站可以实现10通道同步测量,内部集成恒压恒流高压发射源,能够实现800V到1000V,2.5A的高压输出,峰—峰值电压可以达到1600V,可在十分复杂环境下完成高质量

的电阻率数据采集,符合时移电法探测对数据质量的采集要求,详细技术参数如下:

①分辨率:≤30nV。

②测量模式:视电阻率,电阻率,自然电位,极化率,电池电压。

③可兼容井间、水上测量。

④最大电流输出:2.5A。

⑤最大电压输出:800V(1600VP-P)。

⑥最大功率输出:250W。

⑦测量范围:+/-15VP-P。

⑧输入通道数:硬件10道。

⑨输入电压:15V。

⑩IP测量方式:时间域极化率(M),测20个时段并存储。

⑪输入阻抗:>150MΩ。

⑫自动补偿自然电位:在测量中自动消除自然电位。

⑬噪声压制:电力线频率50/60Hz下,优于100dB。

⑭测量精度:0.2%。

⑮工作装置:Shlumberger,Wenner,dipole-dipole,pole-dipole,pole-pole等所有任何装置,还可自行编程设计。

⑯信号处理:连续对每次测量之后计算平均值,自动计算信噪比、电压、电流和视电阻率。

⑰自动计算电阻率。

⑱工作温度范围:-20~+50℃。

图2-47 研制的MD-12型多通道高密度电法工作站仪器实物

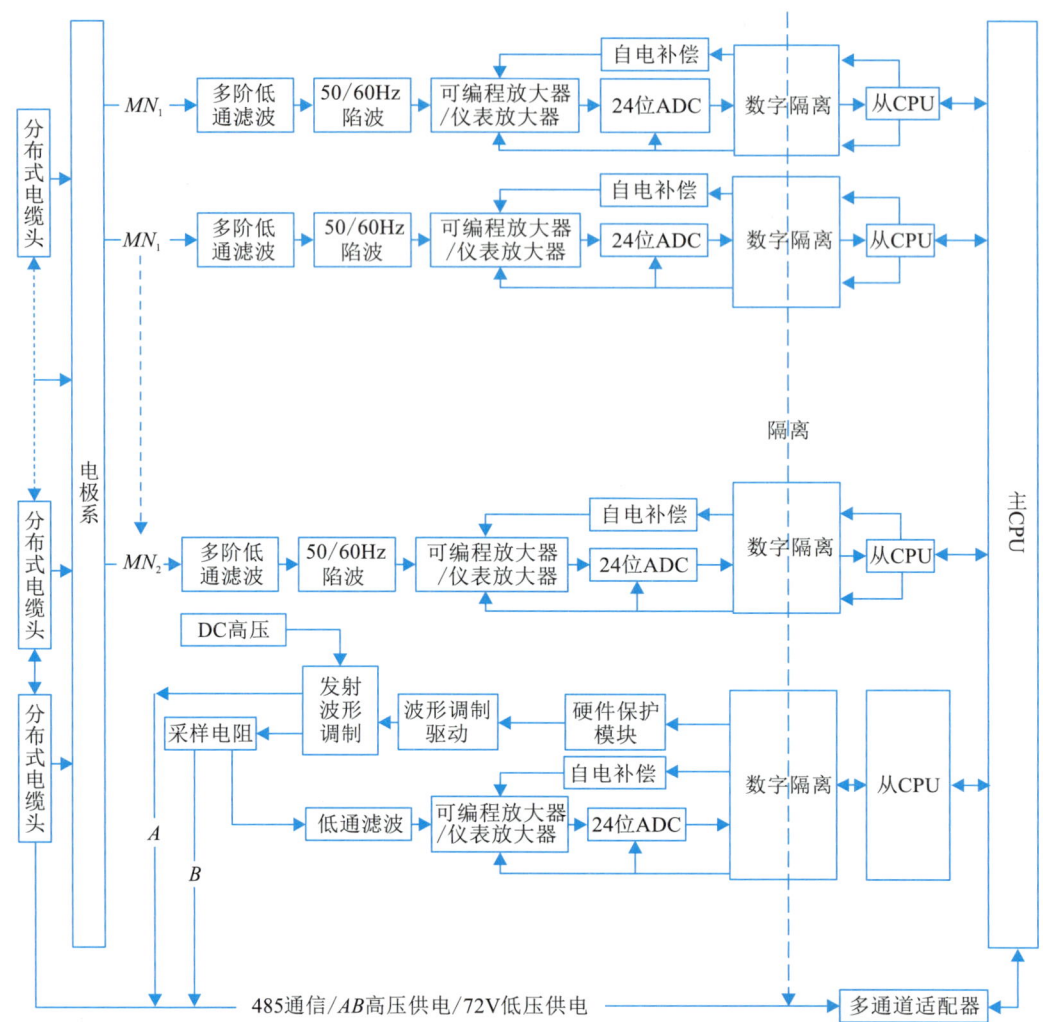

图 2-48 MD-12 型多通道高密度电法工作站仪器线路框图

3)多路电极转换系统

电极高密度转换系统是交互式电法探测装备实现大范围、并行、三维数据采集的主要模块,主要包括 1 个主控制器、1 个供电排列控制器和 10 个采集排列控制器。每个排列控制器连接分布式高密度电缆和电极,电极高密度转换系统主控制器通过 485 通信接口与多通道高密度电法工作站交互,解析多通道高密度电法工作站的电极转换指令,并将指令转换分传给供电排列控制器和采集排列控制器,供电排列控制器和采集排列控制器根据指令操作转换电极的供电与采集序号。采集操作流程如下:

①上电后,排列控制器通过电源板上的 485 通信和电缆转换器的 485 通信进行交互寻找接入的电缆头数量,并初始化测点/电极 ID,将电缆转换器状态传输给主控制器,每个电缆转换器控制 10 个电极的转换。

②对于任意一个测试 ID,排列控制器自动完成和电缆转换器的一一对应,并通过电源

板485通信和电缆转换器交互,完成测试ID的下发。

③在采集时,电缆转换器对于主控制器下发的ID进行解析,判断其是否为自身对应的测点/电极。如果是,则相应电缆转换器执行切换动作;如果不是,则将信息转发下一个电缆转换器。以此类推,直至找到对应电缆转换器并完成切换动作。

④第一个电缆头对主板下发的ID进行解析,判断其是否为自身对应的测点/电极。如果是,则相应电缆头执行切换动作;如果不是,则将信息转发下一个电缆头。以此类推,直至找到对应电缆头并完成切换动作。

⑤完成电缆转换器切换动作以后,主控制板收集到完成指令,并通知多通道高密度电法工作站可以开始发射调制高压波形并同步开始采集。

电路设计包括控制电路设计和转换器连接设计,具体如下:

①控制电路设计。

主控制器的内部模块设计如图2-49所示,主要包含主控制芯片STM32F407、静态存储器、闪存、RS485串口通信、状态指标灯、调试串口、按键输入、旋钮编码器、液晶显示屏(Liquid Crystal Display,LCD)等模块。主控制器主要实现系统的交互功能,控制整个电极高密度转换系统的测试流程,主要包括:电极数量的检测、用户界面(User Interface,UI)屏及按键的控制、电缆头切换控制等。主控制器选用的主控制芯片型号为STM32F407,其功能强大,具有3个SPI通信接口、6个串口通信接口、1个FSMC通信接口,以及112个通用输入/输出(Input/Output,I/O)口,满足主控制器的命令交互和传输功能需求。STM32F407需经RS485串口电平转换电路与RS485通信接口连接。RS485转换电路原理如图2-50所示。使用SP3485芯片来实现RS485的电平转换,VCC3.3和GND为芯片的供电端口;C71为电源去耦电容;R44为终端匹配电阻;R38和R40则是两个偏置电阻,以保证静默状态时,RS485总线维持逻辑1;端口RS485_RX、RS485_TX、RS485_RE与STM32F407串口通信接口相连,实现STM32F407指令的传输;1、2为RS485接口转换后的输出端。

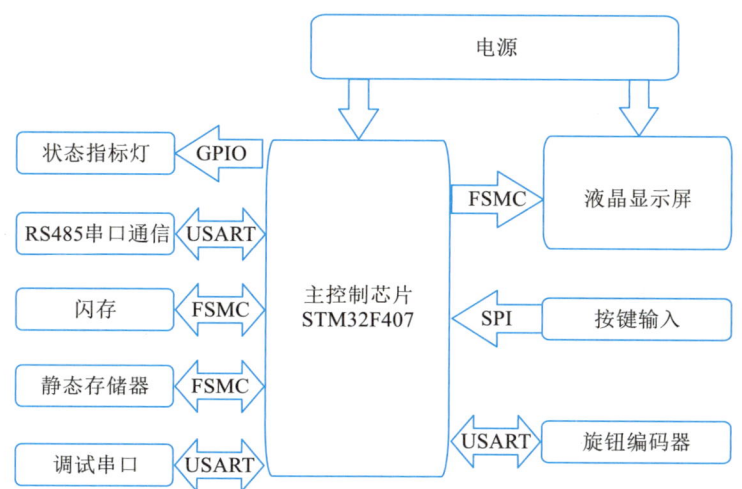

图2-49 主控制器的内部模块设计

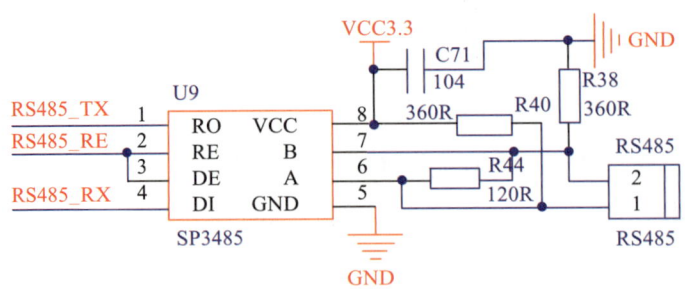

图 2-50　RS485 转换电路原理

②转换器连接设计。

考虑到电缆转换器的电极控制检测与信号检测不能使用同一个电路,因此将电缆转换器分为"电极控制检测""信号检测""公共电路"3 个部分。电缆转换器与电缆头的连接关系如图 2-51 所示。

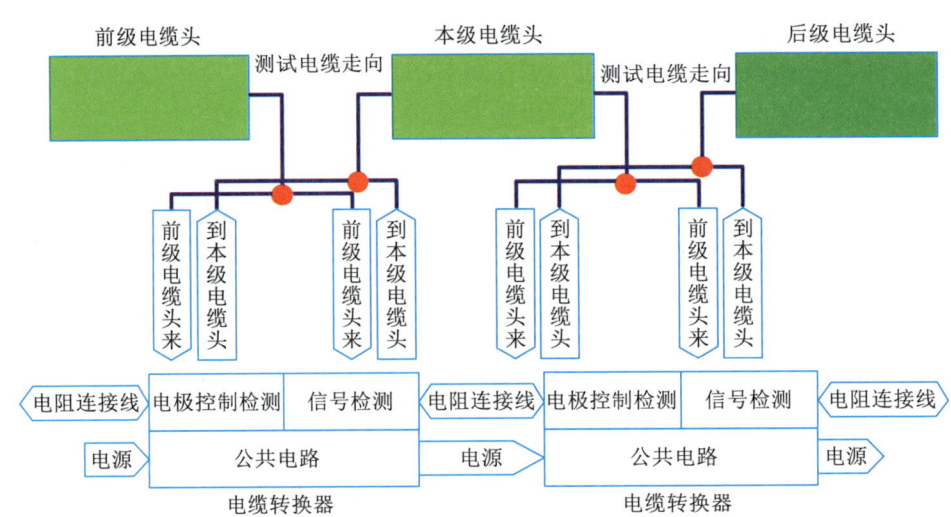

图 2-51　电缆转换器与电缆头的连接关系

4)分布式电缆和电极设计与制作

堤坝渗漏隐患随水边渗透过程而变化,为实现对隐患状态的动态追踪,电极的设计及埋设方法也要具有可操作性。为了保证电极传感器在一次汛期中保持空间位置的稳定性,选择钛合金作为电极传感器加工材料,其导电性好、抗蚀性强、化学性质较稳定、极差变化小,且具有环保特性,不污染土壤。

针对大阵列固定式堤防交互式电法探测技术及工作原理,结合堤防常见探测深度需求,取最大电极距为 2m 进行计算。

①电极接地电阻。

棒状电极接地电阻 R 与土壤的电阻率成正比,并与棒的粗细及入土深度有关。R 的计算公式为:

$$R = \rho \frac{\ln\frac{2L}{r_0}}{2\pi L} \tag{2-6}$$

式中：ρ——土壤电阻率，$\Omega \cdot m$；

L——电极入土深度，mm；

r_0——电极半径，mm。

考虑到最小电极距可能为 1m，为保证满足点电极供电要求，电极入土深度设为电极距的 1/10，即 $L=100$mm，棒的直径（棒径）取棒长的 1/5～1/4，由于堤坝土壤电阻率通常不大于 $100\Omega \cdot m$，这里设 $\rho=100\Omega \cdot m$。

当棒状电极半径 r_0 为 10.0mm 时，电极接地电阻 $R \approx 477\Omega$。取 $R=480\Omega$，则 A、B 两根供电电极的接地电阻为 $R_{AB}=2R=960\Omega$。

当棒状电极半径 r_0 为 12.5mm 时，电极接地电阻 $R \approx 441\Omega$。取 $R=445\Omega$，则 A、B 两根供电电极的接地电阻为 $R_{AB}=2R=890\Omega$。

接地电阻与电极半径关系曲线如图 2-52 所示。

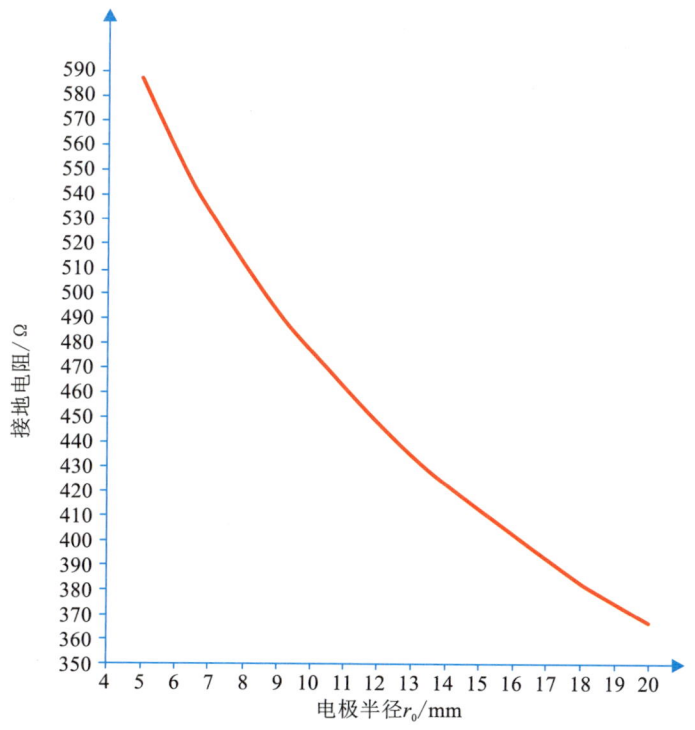

图 2-52 接地电阻与电极半径关系曲线

注：电极入土深度 100mm，土壤电阻率 $100\Omega \cdot m$；横向比例为 10∶1，纵向比例为 1∶1000。

所用多芯导线千米长电阻参数为 $235\Omega/km$，假设供电线总长 AB 取 2km，故导线电阻 R_X 最大估计为 470Ω。

②供电电流的计算。

当电极半径 r_0 为 10.0mm 时,供电电源端最大供电阻抗为:$R_{AB}+R_X=960+470=1430\Omega$;当供电电源电压为 400V 时,供电电流 $I_{AB}=400V/1430\Omega\approx280mA$,即系统最小供电电流可达到 280mA。

当电极半径 r_0 为 12.5mm 时,供电电源端最大供电阻抗为:$R_{AB}+R_X=890+470=1360\Omega$;当供电电源电压为最高 400V 时,供电电流 $I_{AB}=400V/1360\Omega=294mA$,即系统最小供电电流可达到 294mA。

根据上述计算成果,系统能够满足电阻率测量要求。

③电极尺寸。

测量电极 MN 电位差的计算:

A、B 两个点电极供电情况下,AB 连线上 M 点的电位 U_M 计算公式如下:

$$U_M=\frac{\rho I_{AB}}{2\pi}(\frac{1}{AM}-\frac{1}{BM}) \tag{2-7}$$

式中:ρ——土壤电阻率;

I_{AB}——供电电流;

AM、BM——电极 A、B 到 M 点的距离。

以施伦贝尔装置为例,设勘探深度为 30m,则 AB 电极距应为 180m。当电极距为 2m 时,AB 改变位置数为 $(91-1)/2=45$ 个,仪器测量时 AB 大小每改变 8 次,MN 就会扩大两个电极距(仪器内设功能),故此时 MN 电极距为 $2+5\times 2=12m$,可计算得到电极 M 与 N 的电位差为:

$$U_{MN}=\frac{\rho I_{AB}}{2\pi}(\frac{1}{AM}-\frac{1}{BM}-\frac{1}{AN}+\frac{1}{BN})=\frac{100I_{AB}}{6.28}\times(\frac{1}{84}-\frac{1}{96}-\frac{1}{96}+\frac{1}{84}) \tag{2-8}$$

当 $I_{AB}=280mA$ 时,$U_{MN}=13.27mV$;当 $I_{AB}=294mA$ 时,$U_{MN}=13.93mV$,满足规范 $U_{MN}\geq 3mV$ 的要求,即使在电阻率为 $30\Omega\cdot m$ 时依然满足要求。由此可见,电极半径为 20~25mm 均可满足要求。

④电极材料。

电极需埋置在堤坝土体中,对抗腐蚀性、导电性和稳定性有较高的要求。主要的电极材料如下:

(a)紫铜:导电性好,电阻率 $\rho=0.01851(\Omega\cdot mm^2)/m$,在常用金属中仅次于银,但不耐腐蚀,长期埋置在土壤中表面会发生氧化,导致电阻增大甚至绝缘。

(b)不锈钢:耐腐蚀性强,但导电性差,长期监测导电性不稳定,不适用于开展电法连续监测。

(c)铅:不极化性、导电性和抗腐蚀性均较强,能够满足电法探测的电极使用条件要求,理论上是最优选择,但由于铅有一定的溶解性且有毒,是一种危害人体健康的重金属元素,属于三大重金属污染物之一,长期埋于堤坝可能对水质、土壤造成污染。

(d)钛合金:钛与其他金属制成的合金金属,具有强度高、耐蚀性、耐热等特点,在潮湿的大气、土壤和水介质中工作,其抗蚀性远优于不锈钢,导电性也比不锈钢强,适合用于电法探测电极的制作。

兼顾轻便原则,最终选用钛合金(图 2-53),电极尺寸:直径为 20mm,长度为 200mm,其中长度上有 20mm 用于固定和包裹引出线。

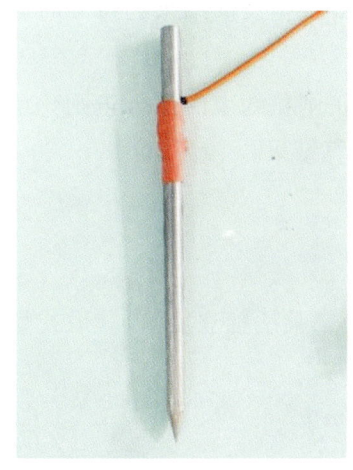
(a)制作的新电极

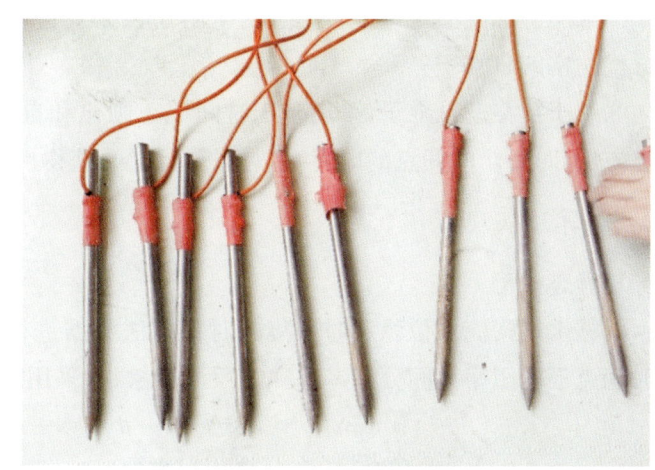
(b)土中埋置2年后的电极

图 2-53　制作的钛合金电极

2.2.5　时移电法数据反演方法研究

(1)时移电法数据反演基本思路

时移电法数据反演相较于常规直流电法反演,其目标函数中多了一个时间约束项,反演算法中需要构建时间加权矩阵,其作用为体现不同时间模型差异对目标函数的贡献。对于堤坝与岸坡时移电法探测数据而言,反演计算对象是一系列连续的、不同时间点的数据集序列,数据量较大,反演过程中病态程度会随时间点的增加呈级数加重,因此反演过程需要进行更加复杂严格的约束处理。

渗透引起土体滑坡过程往往伴随土体内部水体的运移。通过物性参数测试研究发现,水在土体内渗透演进过程中,土体电性特征变化较明显,因此可采用时移电阻率法获取堤坝土体随时间变化的电性数据,然后将时移数据进行反演成像来进行滑动过程追踪。由于时间推移反演对象是一系列连续的、不同时间点的数据集序列,数据量较大,反演过程中病态程度会随时间点的增加呈级数加重,因此反演过程需要进行更加复杂严格的约束处理。常规时移电阻率反演只是针对某一时间点特定断面数据进行独立反演,然后再将不同时刻获取的数据反演成像断面进行比较,根据断面视电阻率变化率来识别目标体的变化情况。但是,上述方法并没有真正应用到时间推移的概念中,其数据反演过程实质上是离散不连续的,时间相关程度低,无法适用于堤坝滑坡过程追踪探测数据的成像分析。

针对堤坝与岸坡时移电法数据,研究提出了一种隐患过程追踪的时移电法数据反演方法。

①对枯水期河流水位稳定时采集的时移电法数据进行独立反演,获得断面电阻率初值及对应的电阻率变化范围,并根据断面电阻率初值和电阻率变化范围创建静态模型。

②采用静态模型对每个时间点的电阻率数据进行反演,并根据反演结果为每个时空区间分配拉格朗日乘子。

③基于拉格朗日乘子,采用基于时间域正则化和自适应正则化约束的混合正则化反演计算方法,对每个时间点的电阻率数据进行反演,获得反演计算结果。

(2)算法实现

1)静态模型

以枯水期河流水位稳定时采集的时移电法数据进行最小二乘法独立反演,获取初始状态时间点下电阻率空间分布。在独立反演算法中,采用以下方式:

$$\min J_0 = \|\boldsymbol{P}(\boldsymbol{G}\boldsymbol{m}-\boldsymbol{d})\|^2 + \lambda^2 \|\boldsymbol{E}\boldsymbol{m}\|^2 \tag{2-9}$$

式中:$\min J_0$——反演过程中需要的最小目标函数;

λ——空间上拉格朗日乘子;

$\boldsymbol{m}$——模型向量;

$\boldsymbol{d}$——数据向量;

$\boldsymbol{G}$——反演算子;

$\boldsymbol{P}$——加权因子矩阵;

$\boldsymbol{E}$——评估模型二阶光滑度矩阵。

为了对上述最小目标函数进行求解,通过线性反演方法中的 Gauss-Newton 算法求取模型向量 $\boldsymbol{m}$,迭代式如下:

$$\boldsymbol{m}_{i+1} = \boldsymbol{m}_i + \mathrm{d}\boldsymbol{m} = \boldsymbol{m}_i + (\boldsymbol{J}^\mathrm{T}\boldsymbol{J} + \lambda \boldsymbol{L}^\mathrm{T}\boldsymbol{L})^{-1} \boldsymbol{J}^\mathrm{T}\boldsymbol{G}(\boldsymbol{m}) - \boldsymbol{d} + \lambda \boldsymbol{L}^\mathrm{T}\boldsymbol{L}\boldsymbol{m}_i \tag{2-10}$$

式中:i——迭代次数;

$\mathrm{d}\boldsymbol{m}$——模型修正量;

$\boldsymbol{J}$——灵敏度矩阵;

$\boldsymbol{d}$——数据向量;

λ——空间拉格朗日乘子;

$\boldsymbol{L}$——评估模型二阶光滑矩阵;

$\boldsymbol{G}(\boldsymbol{m})$——模型正演数据向量。

通过式(2-10)迭代逐步修正模型,达到要求的误差条件。在独立反演开始时,可以将拉格朗日乘子的初始取值设定为 $\lambda_0 = 0.15$,并可采用牛顿最速下降法进行拉格朗日乘子调整。

基于上述最小目标函数及迭代公式可以获得反演结果,并进一步根据独立反演结果获取断面电阻率初值,确定电阻率变化范围。

在获得了断面电阻率初值及对应的电阻率变化范围后,创建静态模型,将该静态模型M_0^1作为后续时间点的电阻率数据反演的先验模型。

2)拉格朗日乘子

结合初始数据独立反演得到的断面成果及所确定的电阻率变化范围,采用有限元方法模拟空间电阻率分布,根据电法断面数据上密下疏分布特点运用自适应网格算法创建静态模型M_0^1。自适应算法原理是在电阻率细微变化单元根据精度需要裂变为更小的单元,裂变后产生新单元的边长是原来的1/2,通过各边中点以及单元质心,一个四边形单元可以分割为4个四边形单元,依此类推,直至分辨率满足探测要求,最终得到的静态模型M_0^1作为后续时间点数据反演先验模型。

3)混合正则化反演计算方法

$\min J_1$代表约束反演过程中需要的最小目标函数,表示形式如下:

$$\min J_1 = \boldsymbol{f}^\mathrm{T} \boldsymbol{f}^2 + \alpha \Gamma + \beta \psi \tag{2-11}$$

式中:$\boldsymbol{f}$——数据向量或矩阵;

Γ——时间域上光滑正则项;

ψ——自适应 Tikonhov 约束正则项;

α 和 β——控制两个正则项的拉格朗日乘子。

模型是时间域上的约束采用一阶微分算子,稀疏约束采用二阶微分算子。

$$\Gamma = (\delta^2 \mathrm{d}\hat{\boldsymbol{m}})^\mathrm{T}(\delta^2 \mathrm{d}\hat{\boldsymbol{m}}) \tag{2-12}$$

$$\psi = \{\hat{\boldsymbol{M}}(\hat{\boldsymbol{m}}^k + \hat{\boldsymbol{d}})\}^\mathrm{T} \hat{\boldsymbol{M}}(\hat{\boldsymbol{m}}^k + \mathrm{d}\hat{\boldsymbol{m}}) \tag{2-13}$$

式中:$\mathrm{d}\hat{\boldsymbol{m}}$——模型修正量;

$\boldsymbol{d}$——数据向量;

$\hat{\boldsymbol{M}}$——一个稀疏矩阵,对角线和次对角线上分别为1或-1,为相邻时间点上的模型施加约束;

k——迭代次数;

δ——二阶微分算子。

自适应 Tikonhov 约束乘子 β 采用对角矩阵 $\boldsymbol{\Lambda}, \boldsymbol{\Lambda}_k$ 为第 k 个参考模型空间步长对应的空间域拉格朗日乘子,空间步长依据反演模型深度增长系数变化调整。拉格朗日乘子 α 采用对角矩阵 $\boldsymbol{\Lambda}, \boldsymbol{\Lambda}_i$ 为第 i 个参考时间步长对应的时间域拉格朗日乘子,对于每一个时间步长中的模型单元,首先基于每一个时间点采集数据以静态模型 M_0^1 作为先验模型运用最小二乘法进行反演,根据反演结果模型 M_0^n 预估拉格朗日乘子,再根据相邻时间步长反演模型 M_0^n 与 M_0^{n-1} 间空间电阻率变化程度进行自适应匹配附值,遵循变大附小的原则,即不同时间步长下电阻率在空间变化大的区域分配较小的拉格朗日乘子,电阻率变化小的区域分配较大的拉格朗日乘子。用 M_0^n 表示第 n 个时间点数据独立反演计算模型,则拉格朗日乘子分配矩阵 Q_1 根据电阻率改变程度范围进行赋值。

$$Q_1 = \begin{bmatrix} M_0^2 & M_0^1 \\ \vdots & \vdots \\ M_0^n & M_0^{n-1} \end{bmatrix} \quad (2\text{-}14)$$

改变时间间隔尺度,即数据时间点跨度选择由跨 1 个单位时间间隔扩大至跨 2 个单位时间间隔,然后重复采用静态模型进行反演计算,此时拉格朗日乘子分配矩阵 Q_2 变化为:

$$Q_2 = \begin{bmatrix} M_0^3 & M_0^2 & M_0^1 \\ \vdots & \vdots & \vdots \\ M_0^n & M_0^{n-1} & M_0^{n-2} \end{bmatrix} \quad (2\text{-}15)$$

时间跨度选择由小至大,从 1 个单位时间间隔扩大至首尾相接的时间点。

$$Q_{n-1} = \begin{bmatrix} M_0^n, \cdots, M_0^1 \end{bmatrix} \quad (2\text{-}16)$$

从而得到一系列拉格朗日乘子分配矩阵由 Q_1 变化至 Q_{n-1} 的不同时间尺度的正则化约束电阻率变化反演计算成果 $M_1^n \sim M_{n-1}^n$。

利用反演成果建立一系列不同时间尺度的电阻率参数变化百分比时间推移序列图像,获取电阻率非线性变化趋势,分析隐患险情的发生及发展过程。

4)实测数据反演测试

为确保检测数据的连续性,在南水北调中线河北徐水北湖渠村开展了时移电法数据采集,应用本研究提出的时移电法数据反演方法进行测试,对反演算法及参数进行验证。

2021 年 12 月 9 日,在选取的试验区域地表一处开展灌水测试试验,布置一条高密度电法检测断面,灌水点位于断面中间位置。11:00 开展了第一次背景电阻率数据采集,而后每隔 1h 开展一次电法数据采集,获取 9 个不同时间点电法剖面数据,进行反演算法测试与分析计算。时移电法观测系统电极距为 1m,排列道数为 60 道,排列装置为温纳装置;初始时刻为 11:00,间隔时序为 1h。

①不同时刻剖面数据独立反演。

将每次采集数据按单个不同时刻剖面数据进行反演,不同断面视电阻率等值图如图 2-54 所示。从剖面视电阻率成果来看,9 个不同时间点断面数据差别极小,难以直观判断断面视电阻率变化部位及趋势。

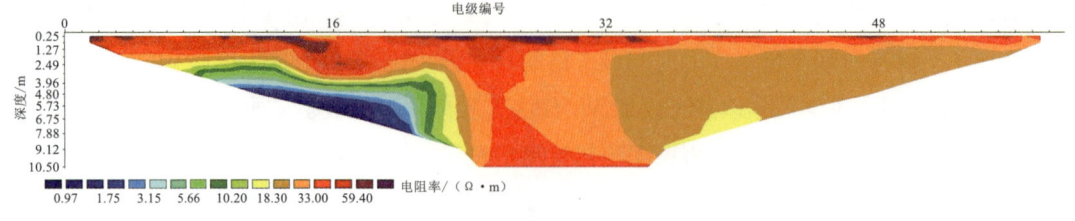

(a)11:00

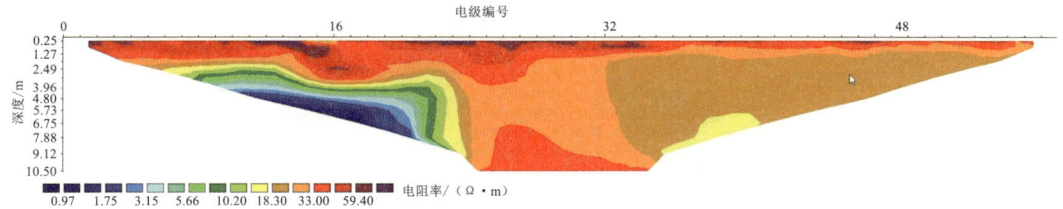

(b) 12:00

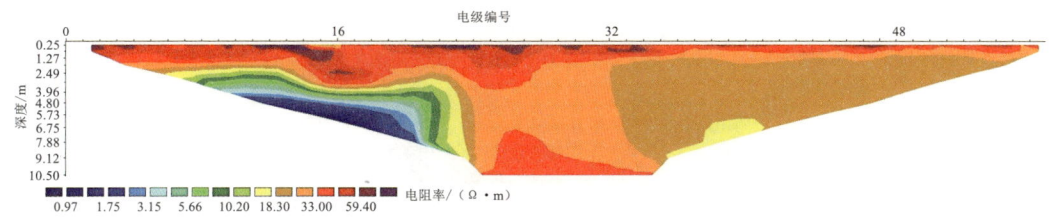

(c) 13:00

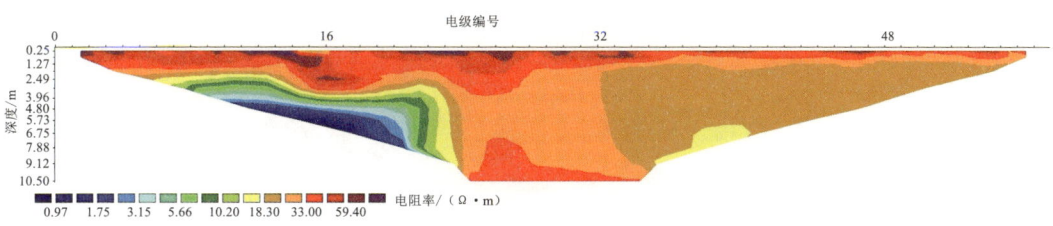

(d) 14:00

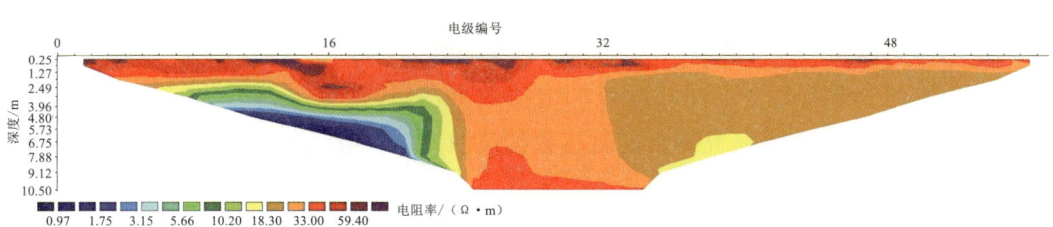

(e) 15:00

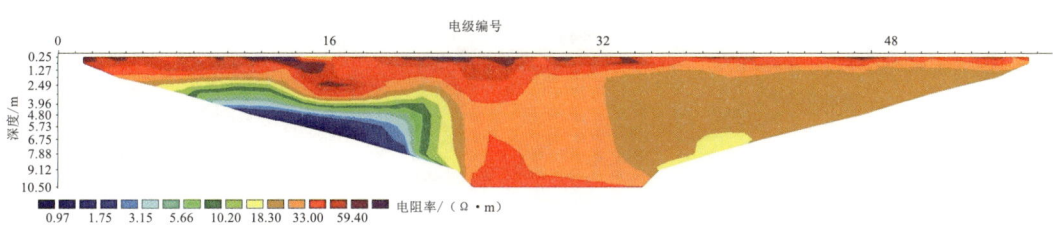

(f) 16:00

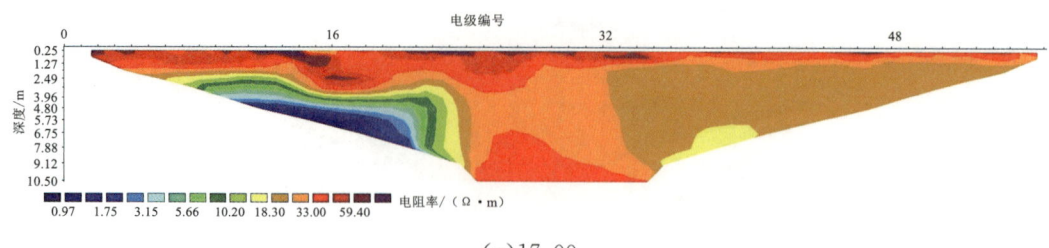

(g) 17:00

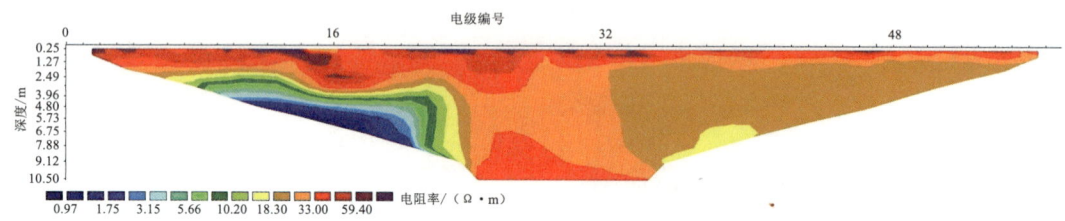

(h) 18:00

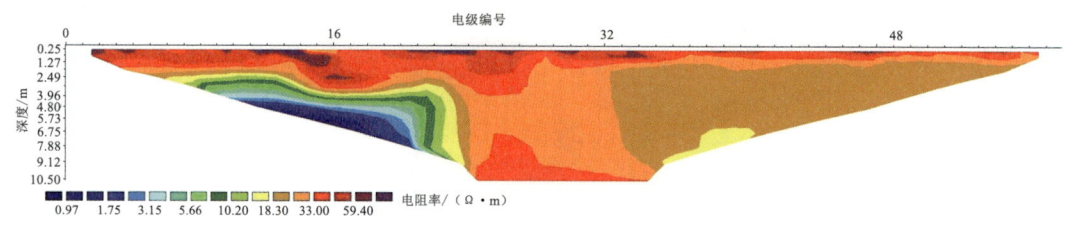

(i) 19:00

图 2-54　不同时刻剖面数据独立反演视电阻率等值图

②不同时刻数据时移反演分析。

将获取的同一断面 9 个不同时间点的电法数据,看作连续时移电法探测获得的数据。引入时间推移因子,采取本研究提出的时移数据反演方法,开展了不同参数的数据反演成果分析。

(a)时移反演获取不同时刻断面视电阻率。

以 11:00 获得的断面视电阻率作为初始模型,进行时移反演得到各时刻检测断面视电阻率,其等值图如图 2-55 所示。

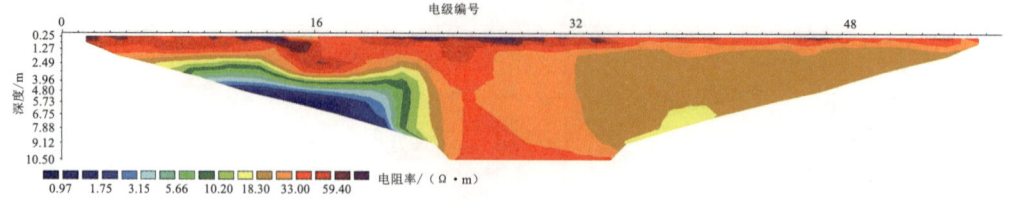

(a) 11:00

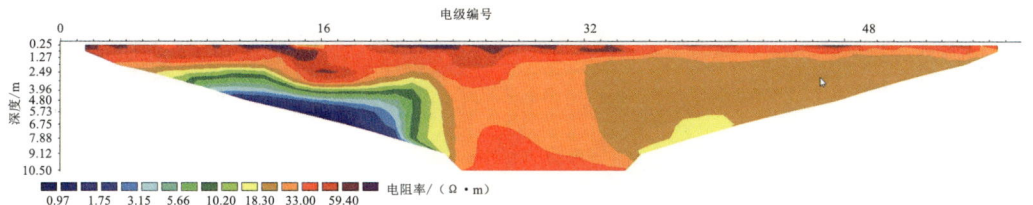

(b) 12:00

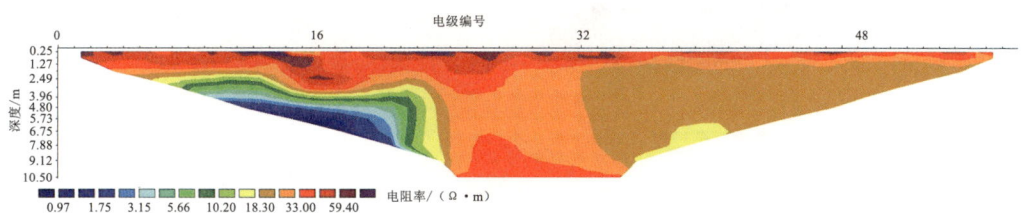

(c) 13:00

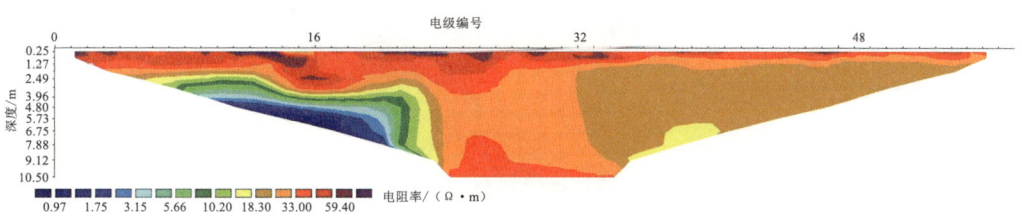

(d) 14:00

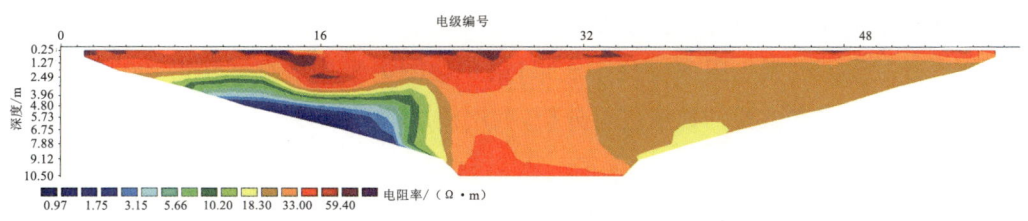

(e) 15:00

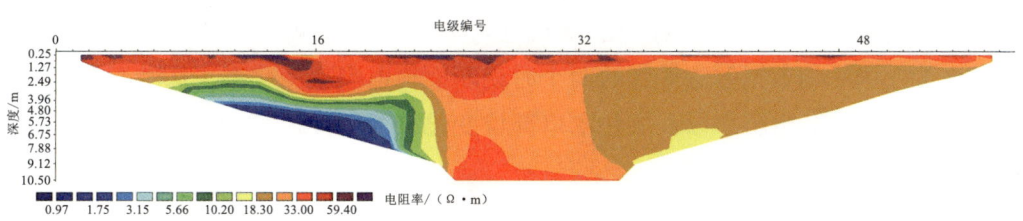

(f) 16:00

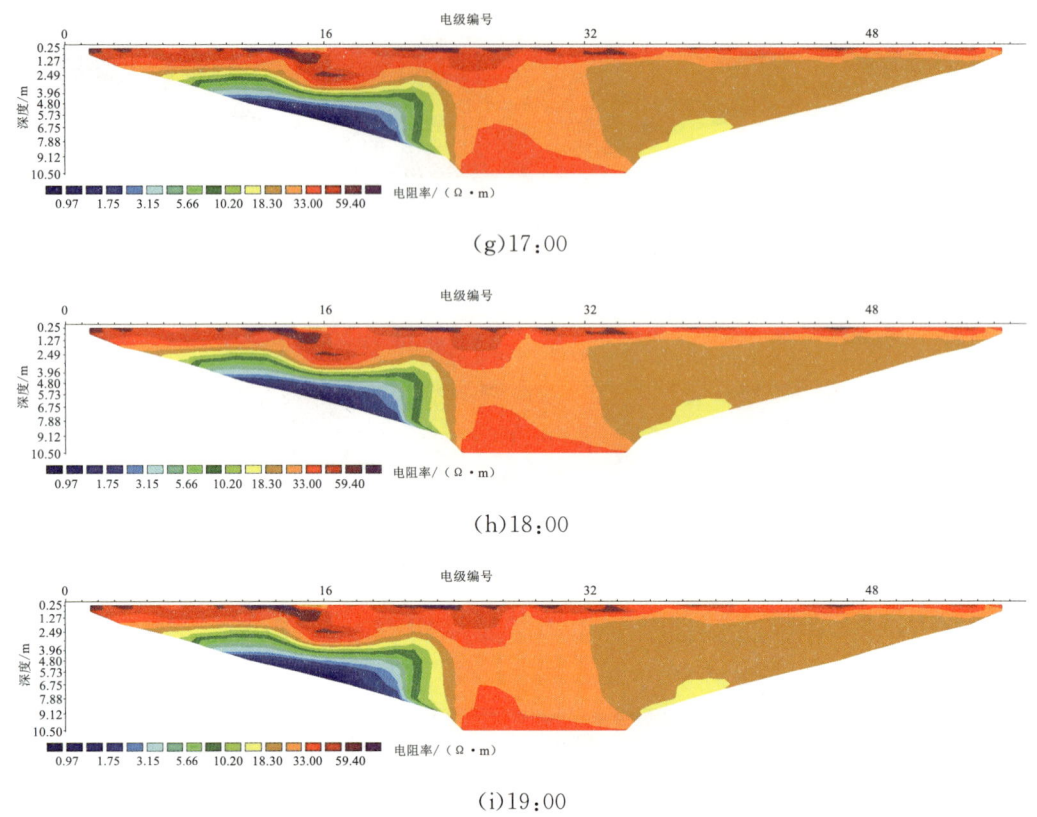

图 2-55 采用时移反演方法得到不同时刻断面视电阻率等值图

(b)断面视电阻率变化分析。

拟选用断面视电阻率变化分析方法主要有数据差和数据比两种方式,计算公式见式(2-5)。

断面视电阻率变化分析方法比较成果如图 2-56 所示。在图 2-56 中,从上往下第 3 幅图为采用数据差法得到的视电阻率变化率成果;第 4 幅图为采用数据比法得到的视电阻率变化率成果。通过对本次试验的数据进行分析,利用提出的反演方法处理,采用数据差方法反映的变化情况更明显突出。

(c)不同时刻断面视电阻率相对初始断面变化率。

以 11:00 获得的断面视电阻率作为初始值,将后续不同时间点剖面视电阻率与初始时刻断面进行比较分析,断面比对成果如图 2-57 所示。以 12:00 与 11:00 断面对比成果图 2-57(a)为例,第 1 幅图为 11:00 反演视电阻率断面,第 2 幅图为 12:00 反演视电阻率断面,第 3 幅图为采用数据差法得到的两个时刻断面视电阻率变化率。从断面视电阻率变化率成果图可以看出,电阻率以表层注水口部位变化最为明显;随着时间的推移,视电阻率变化率减小,变化速率降低,逐渐趋于稳定。

(d)相邻时刻断面视电阻率变化率。

以初始时刻断面视电阻率为基准,后续每个时刻检测数据反演视电阻率成果与前一时刻进行比对,可以以此分析断面视电阻率的不均匀变化趋势。相邻时刻断面视电阻率变化对比如图 2-58 所示。

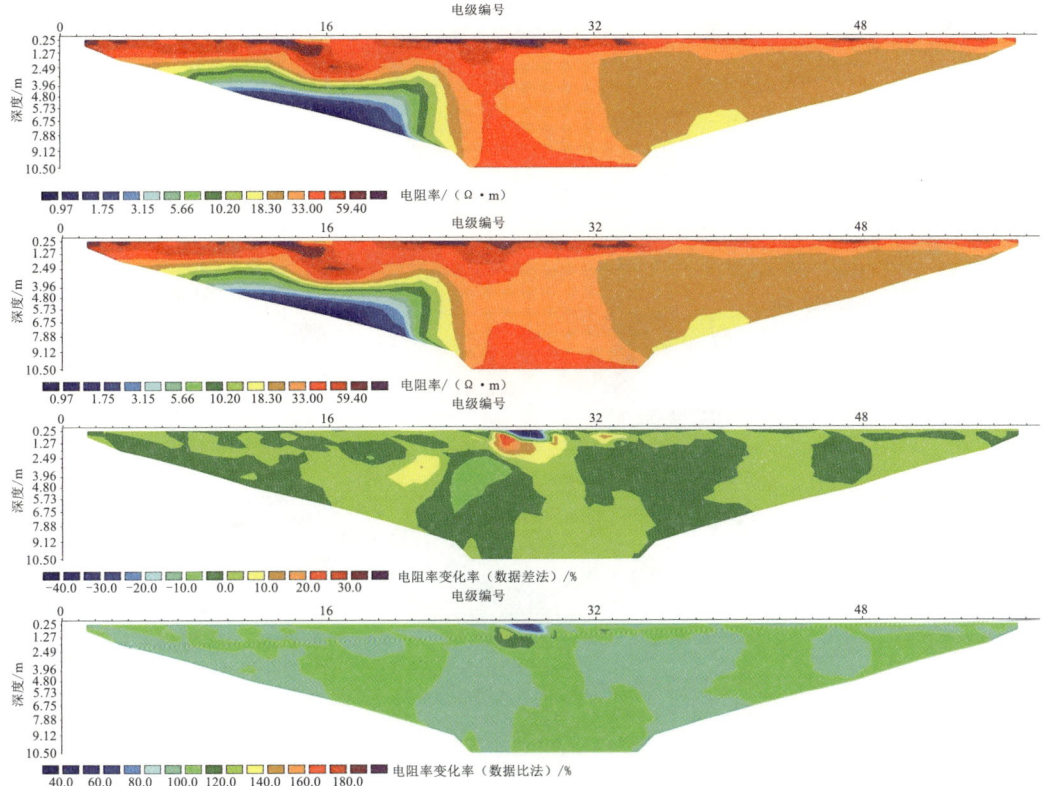

图 2-56 断面视电阻率变化分析方法比较成果

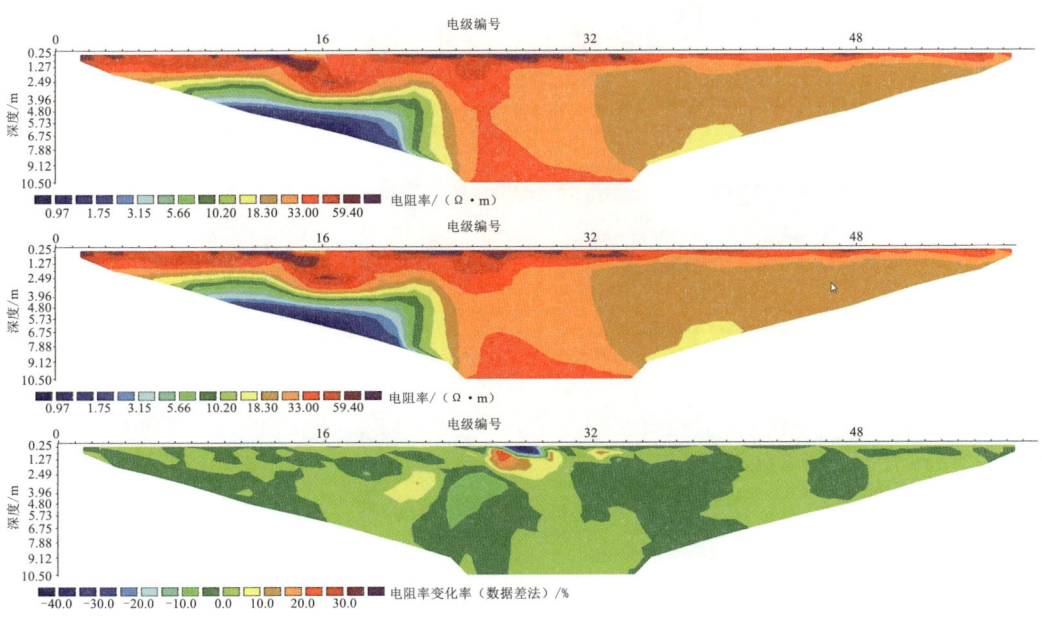

(a) 11:00→12:00

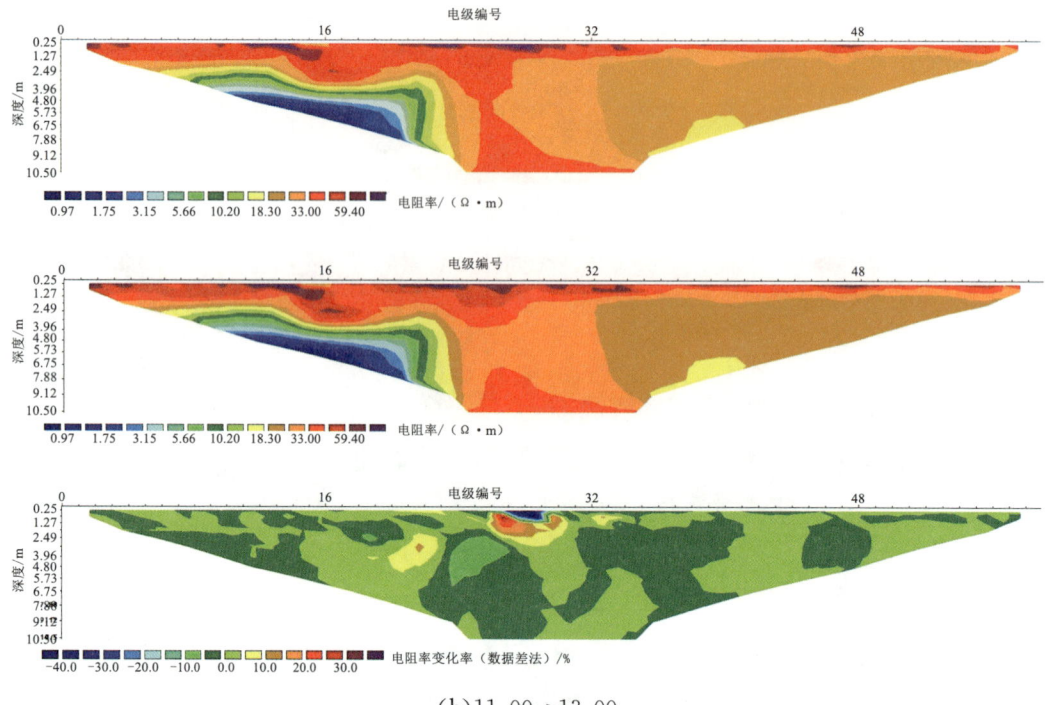

(b) 11:00→13:00

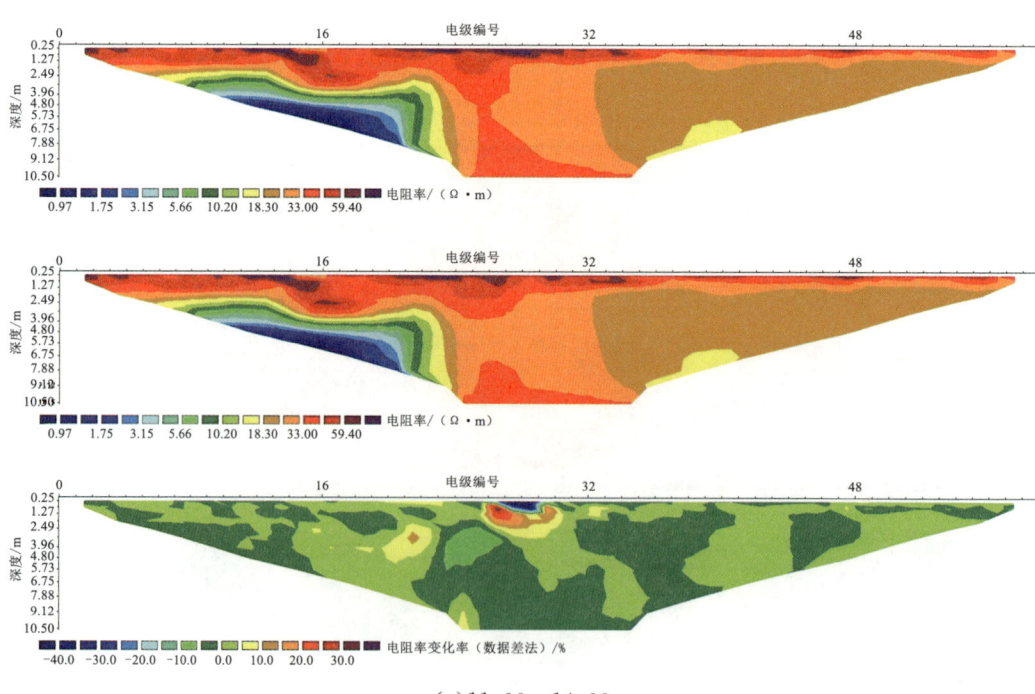

(c) 11:00→14:00

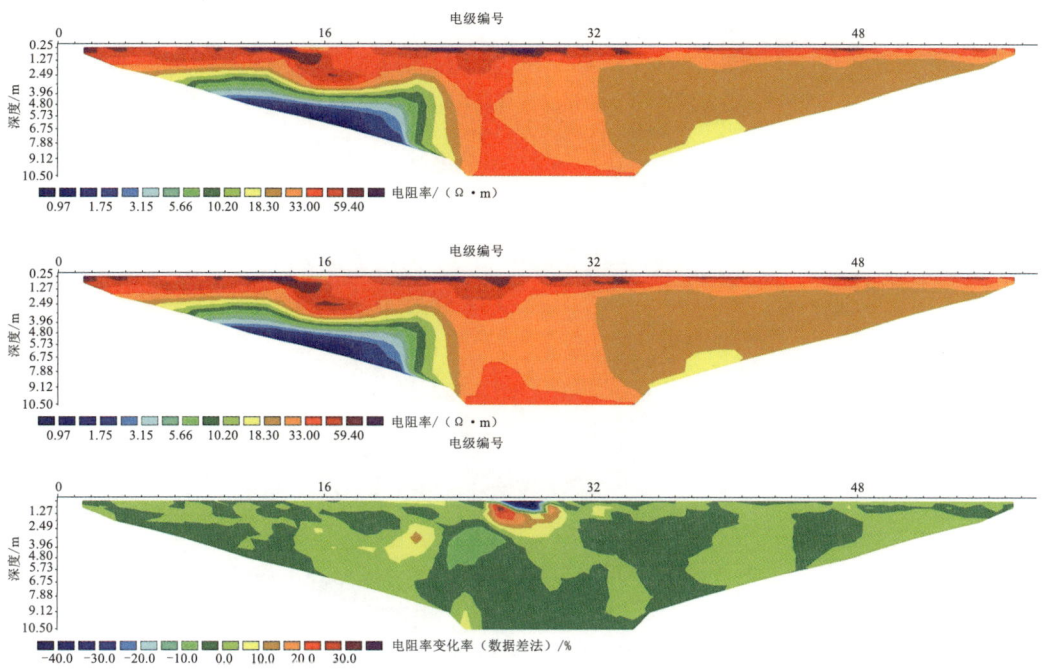

(d) 11:00→15:00

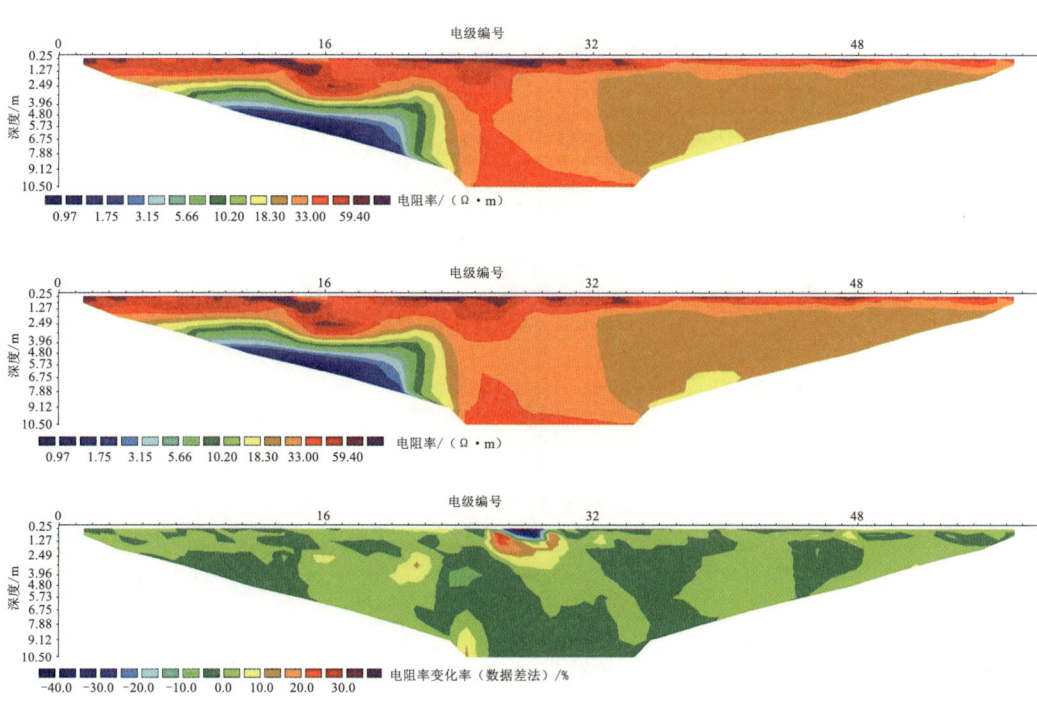

(e) 11:00→16:00

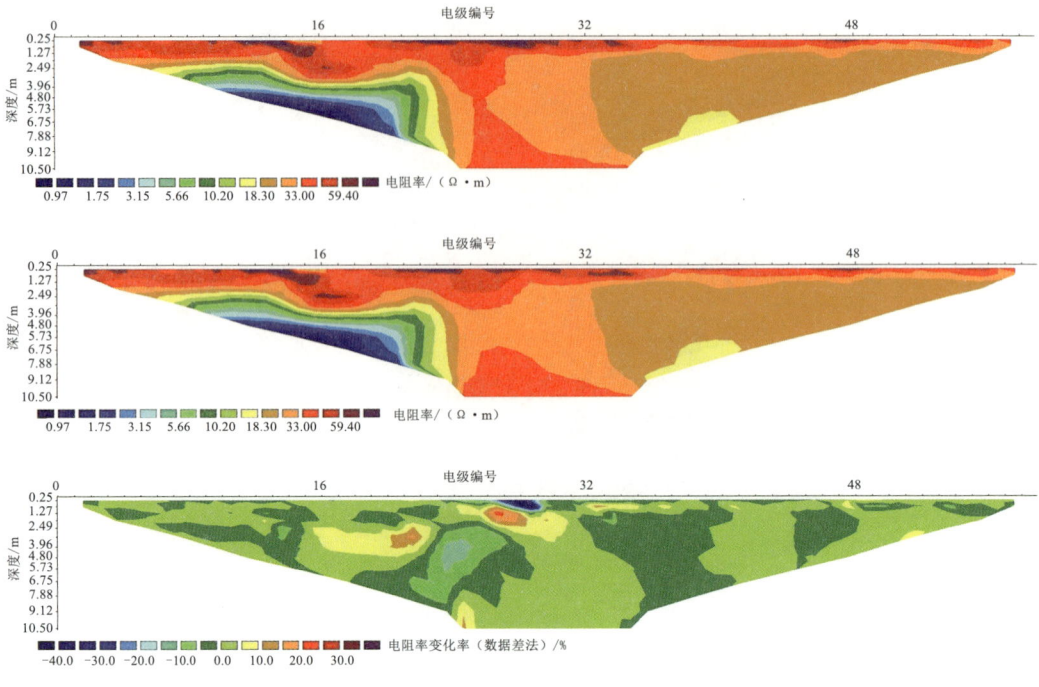

(f) 11:00→17:00

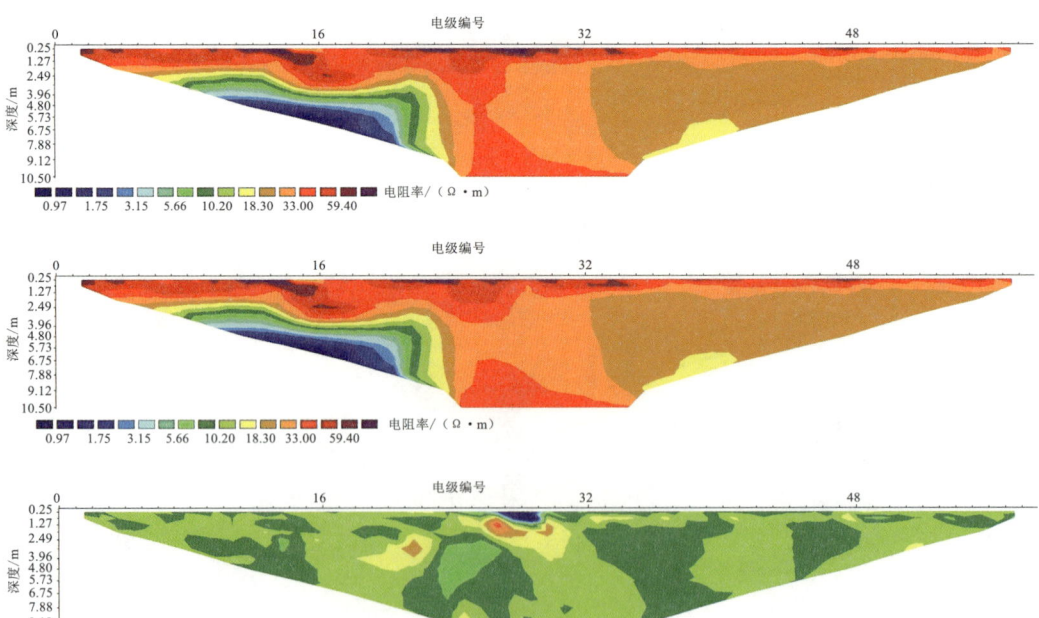

(g) 11:00→18:00

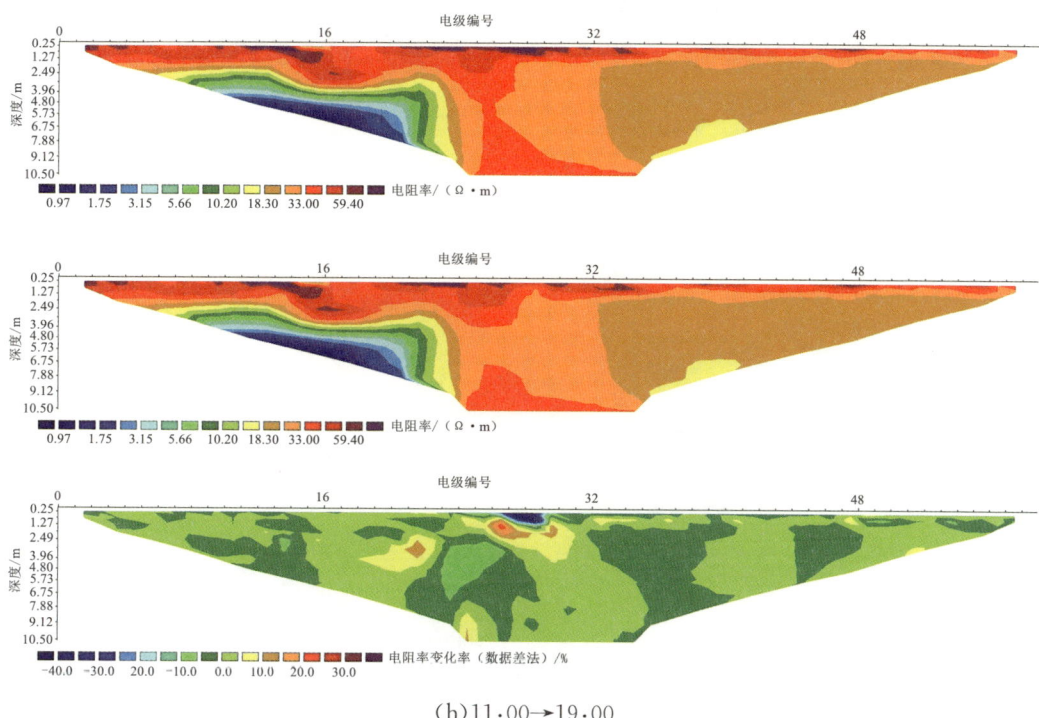

(h)11:00→19:00

图 2-57 后续不同时刻剖面视电阻率相对初始断面视电阻率变化对比

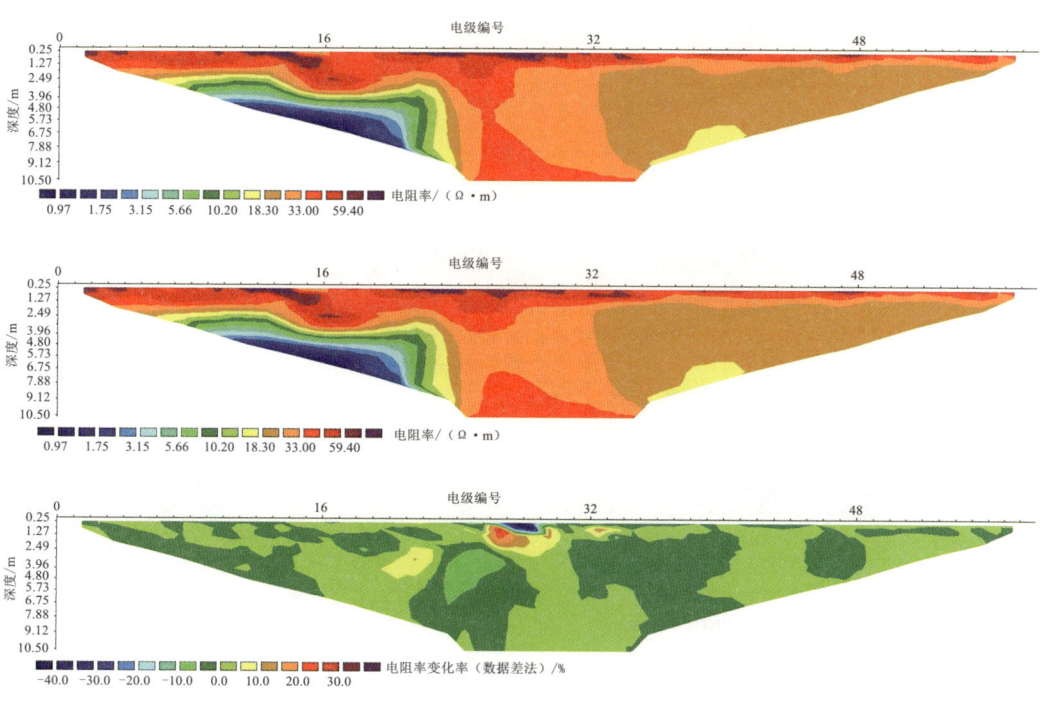

(a)11:00→12:00

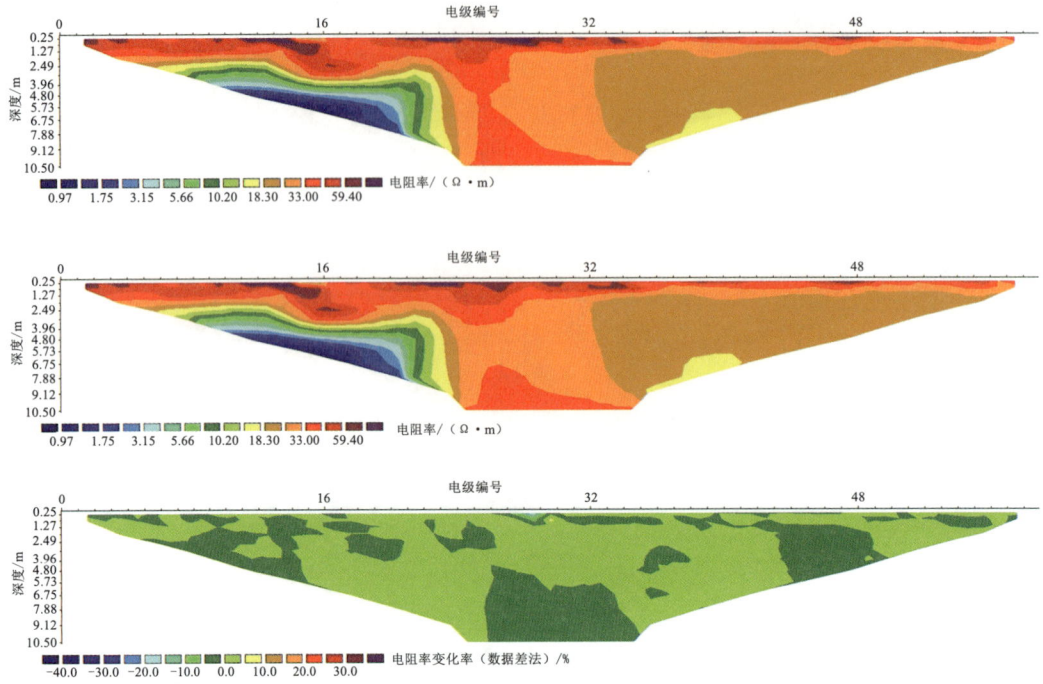

(b) 12:00→13:00

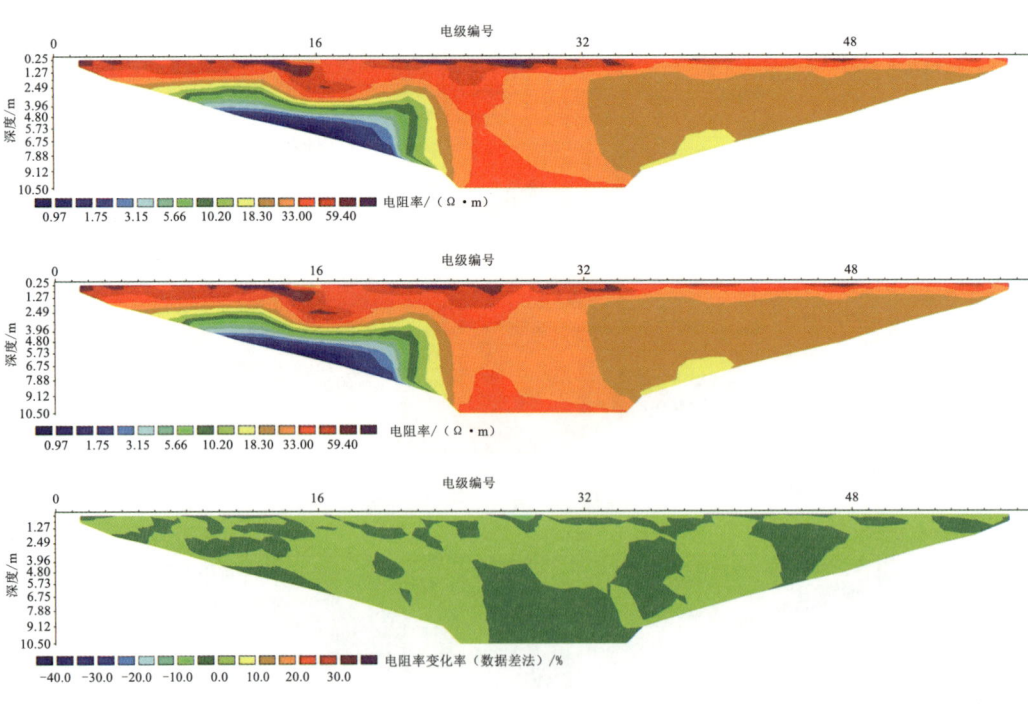

(c) 13:00→14:00

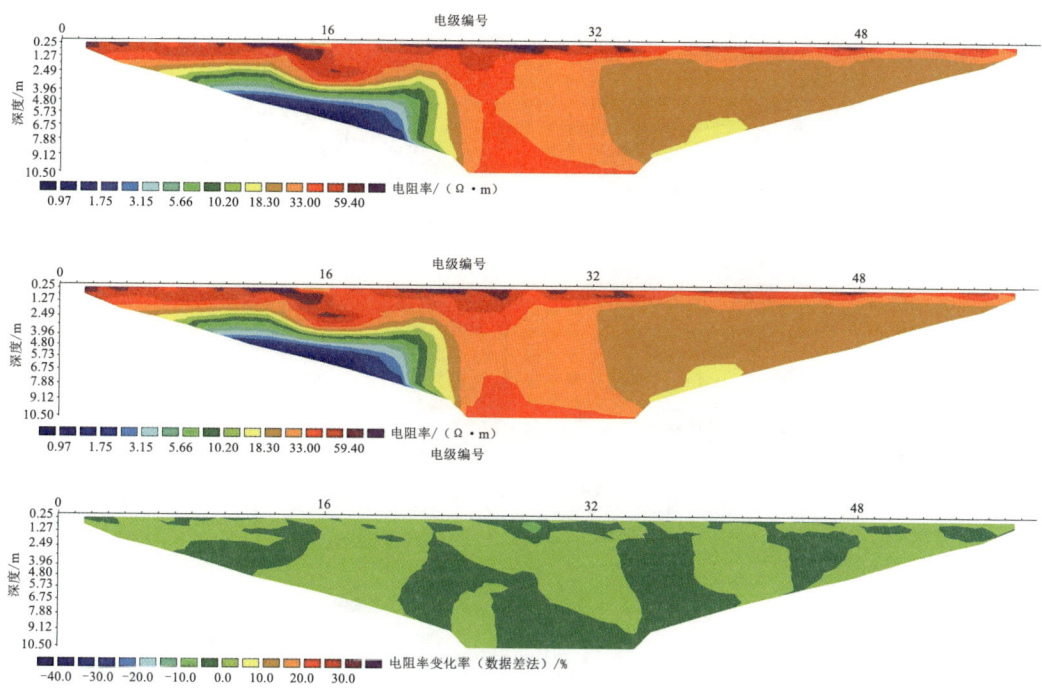

(d)14:00→15:00

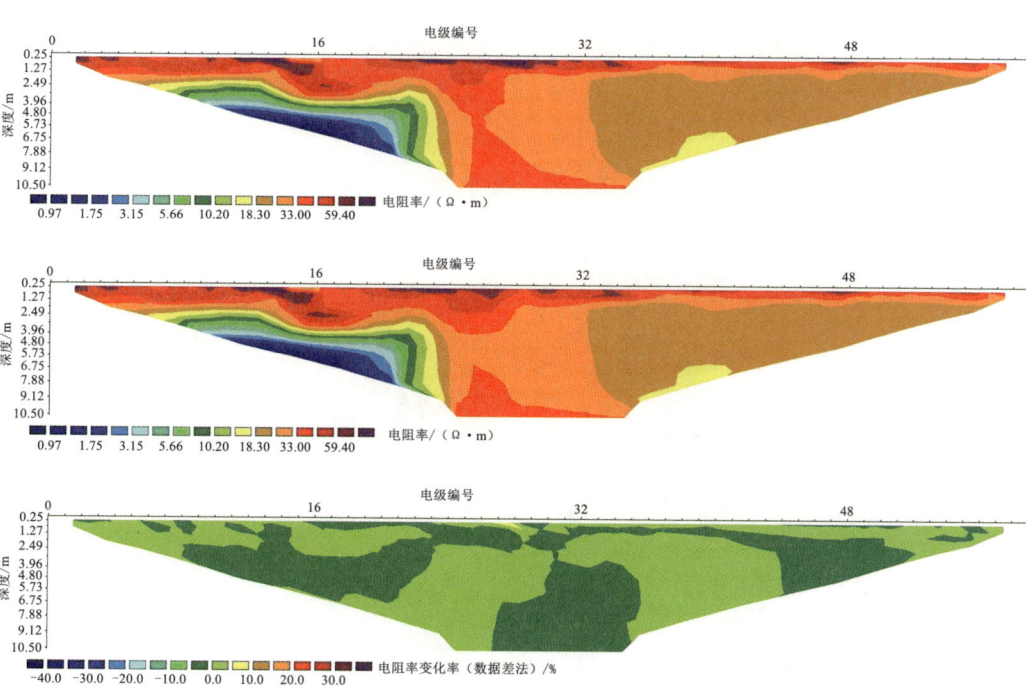

(e)15:00→16:00

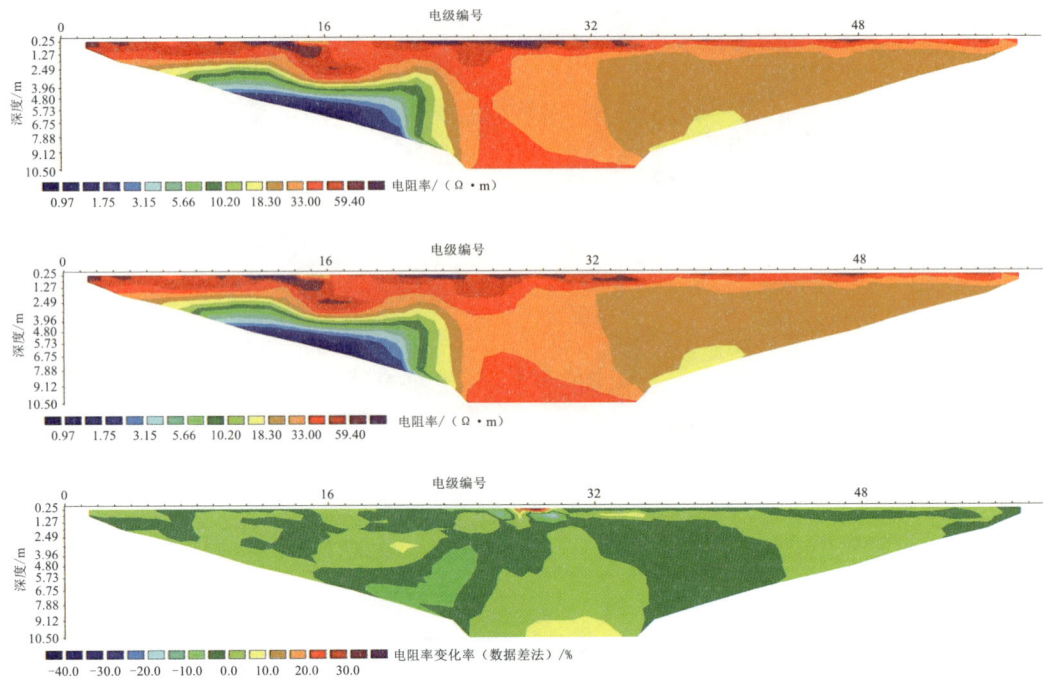

(f)16:00→17:00

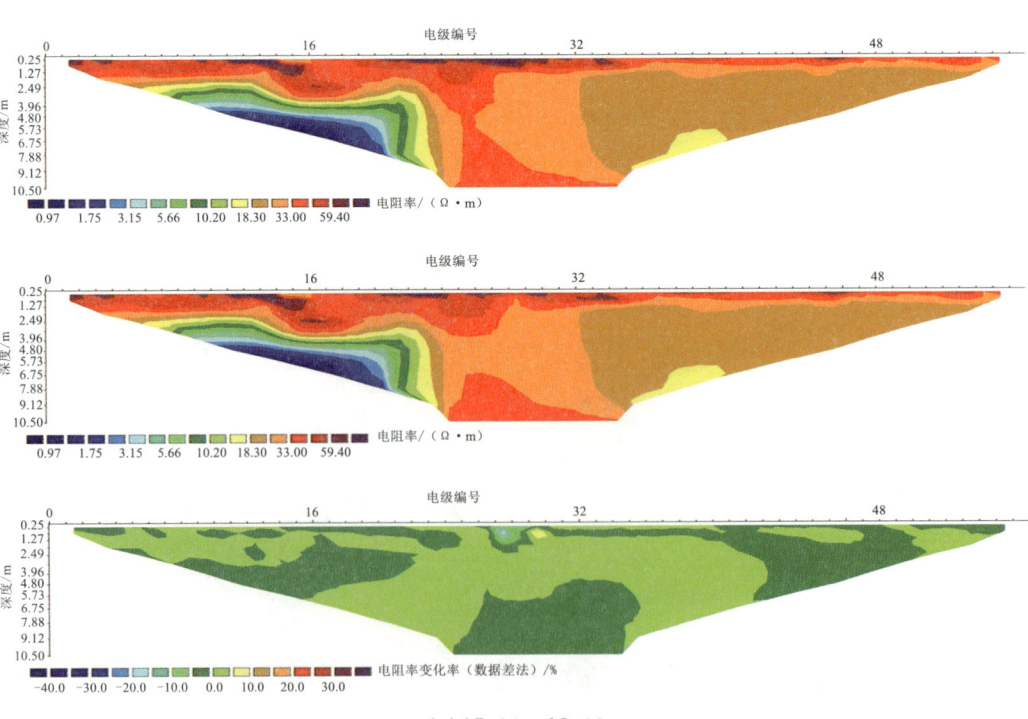

(g)17:00→18:00

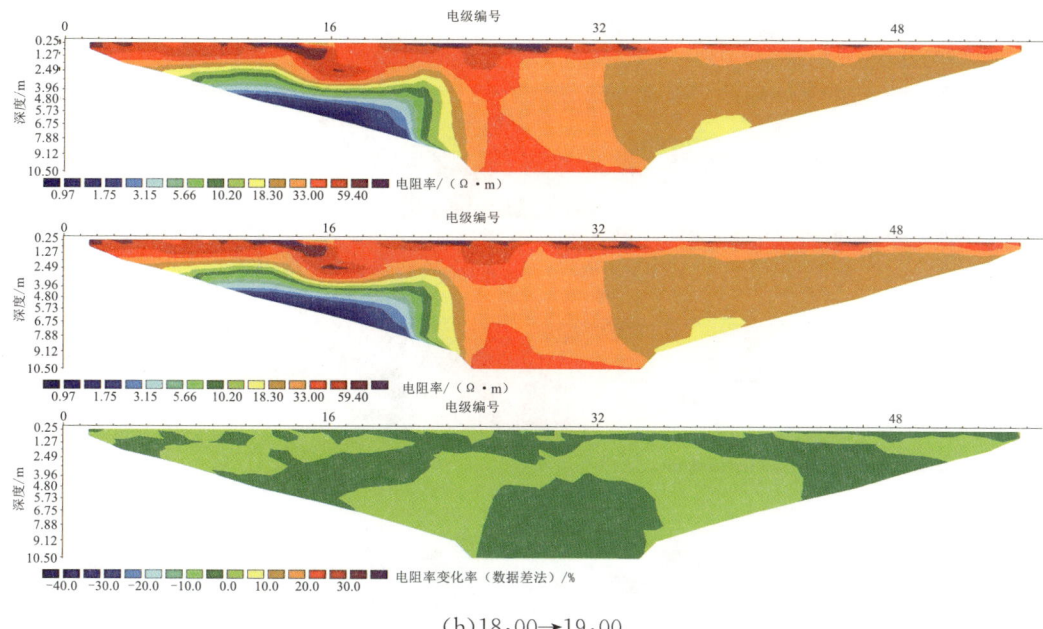

(h)18:00→19:00

图 2-58　相邻时刻断面视电阻率变化对比

5)不同时间尺度断面视电阻率数据变化

采用不同时间尺度断面变化对比可以发现,时间尺度越大,断面视电阻率变化率越明显,但变化过程的连续性变差,因此需要根据环境变化以及监测的电阻率变化速率,选择确定最优的时间尺度,以此来指导时移检测时间点的选取。间隔 2h 和间隔 4h 的不同时间尺度下断面视电阻率数据变化对比分别如图 2-59、图 2-60 所示。

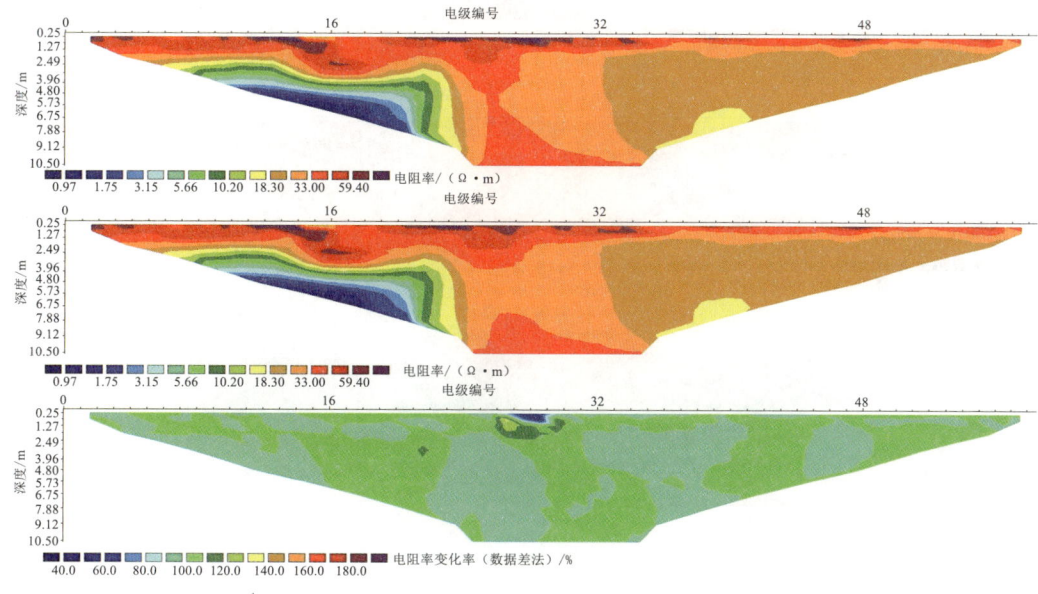

(a)11:00→13:00

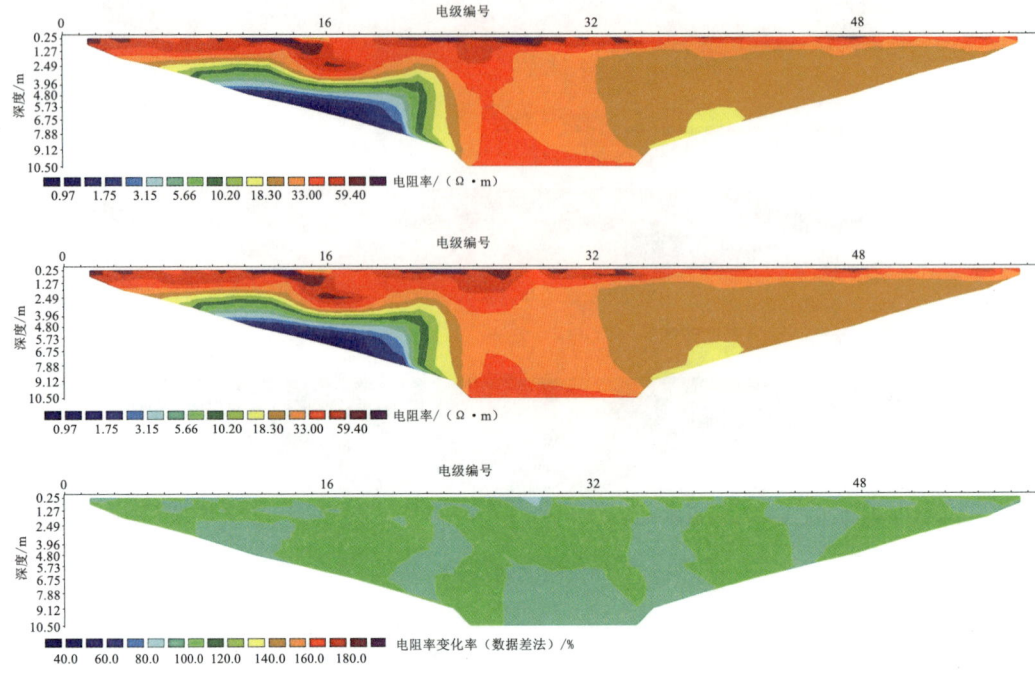

(b) 13:00→15:00

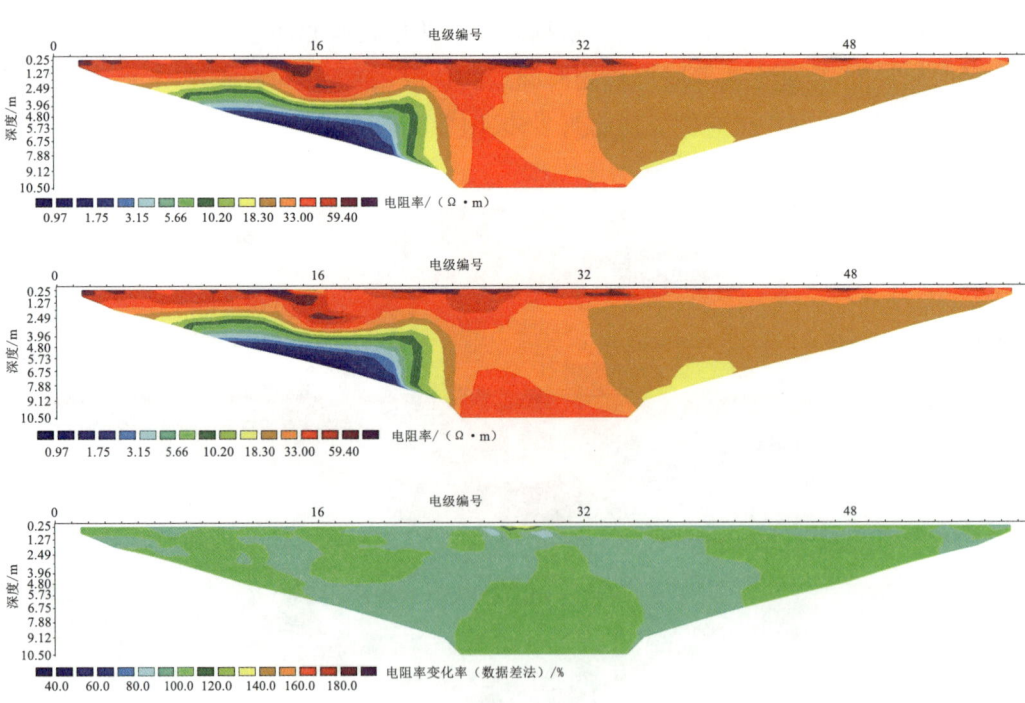

(c) 15:00→17:00

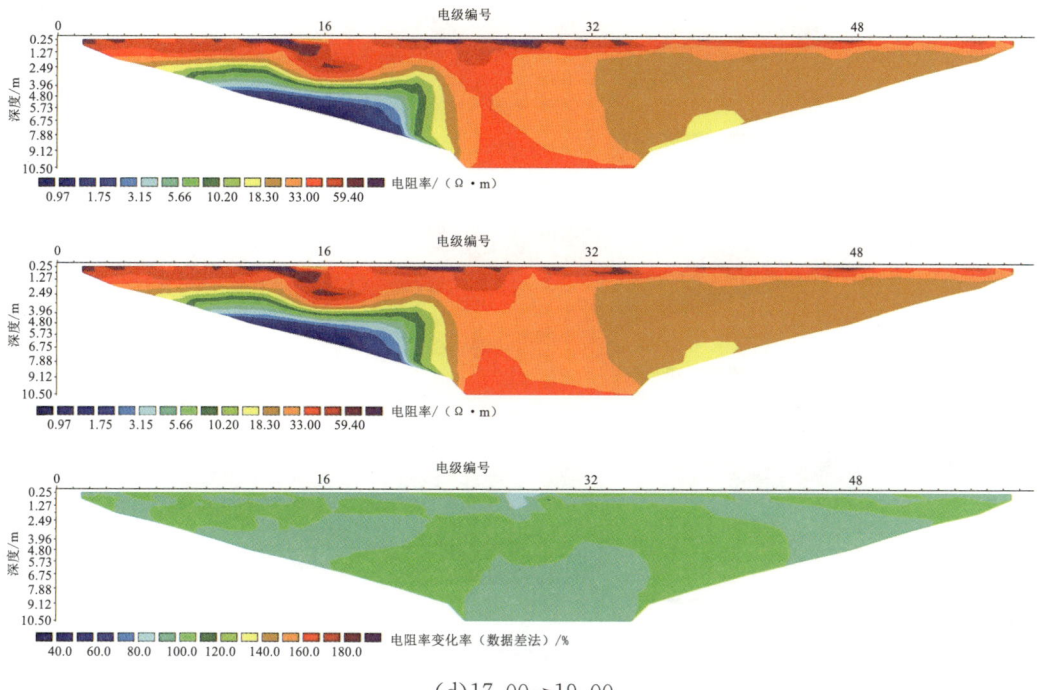

(d)17:00→19:00

图 2-59 不同时间尺度下断面视电阻率数据变化成果(间隔 2h)

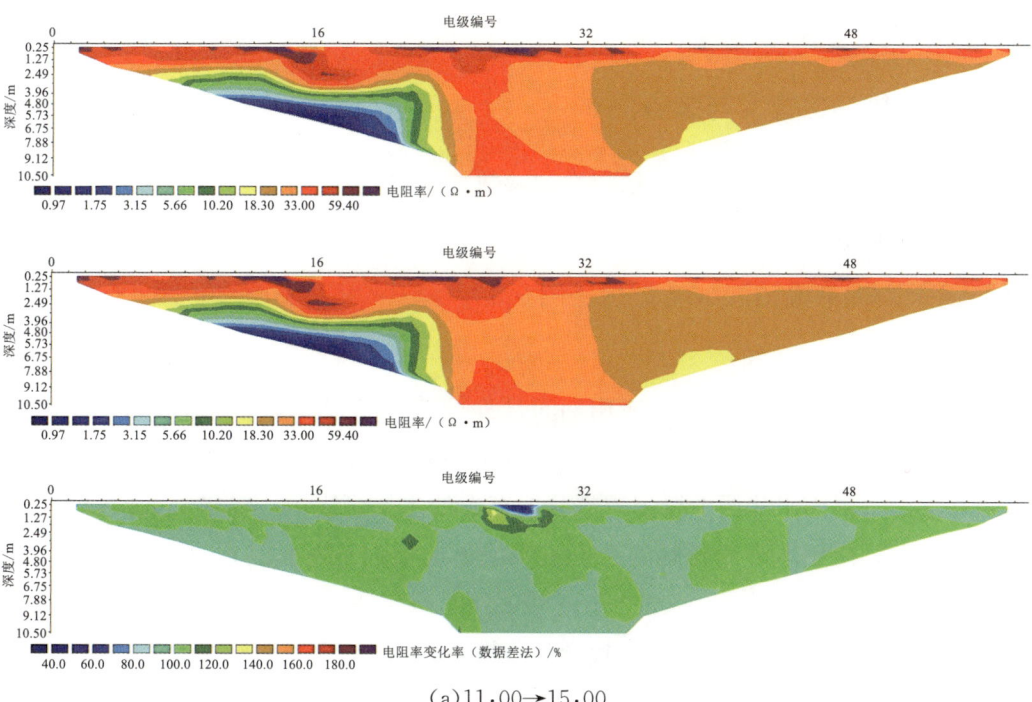

(a)11:00→15:00

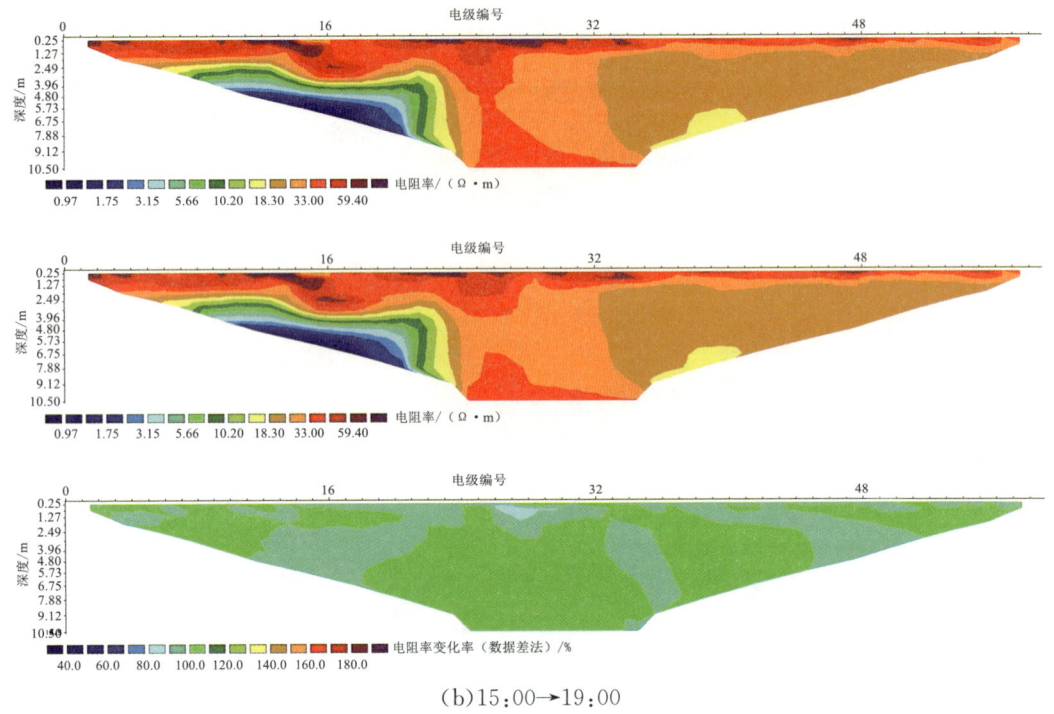

图 2-60　不同时间尺度下断面视电阻率数据变化成果（间隔 4h）

2.3　应用案例

2.3.1　无人机巡检技术与装备测试

为验证无人机巡检技术装备的稳定性和参数指标，先后在南水北调中线工程辉县段及禹州段进行样机应用测试。

(1)南水北调中线工程辉县段巡检测试

1)测试概况

南水北调中线工程辉县段示范应用期间，当地天气多为阴天及沙尘天，有雾或轻雾，风速 2~3 级，能见度较低，空气湿度较高，且辉县段全线多跨水大桥、高压线缆、弯道等复杂地段，干扰较多。针对南水北调中线工程辉县段存在的主要病害——输水干渠两侧道路及衬砌的破损与裂缝，应用本研究研制的无人机载快速巡检设备对辉县段进行巡检，无人机在 10m 高度保持稳定后，以 25km/h 的飞行速度沿渠道段匀速飞行，巡检人员乘车跟随无人机前进并实时观测无人机工作状态。巡检全过程顺畅，取得了良好的应用效果。南水北调中线工程辉县段巡检如图 2-61 所示。

2)测试成果

在巡检后发现,其他渠段平均百米发现结构裂缝 4～5 条,韭山路跨渠公路桥至大官庄北跨渠公路桥渠段(599+300～599+800)区域内坡顶道路破损异常严重,横向裂缝、纵向裂缝、鱼皮状裂缝众多,病害显著。辉县段道路破损检测与尺寸测量结果如表 2-7 所示。

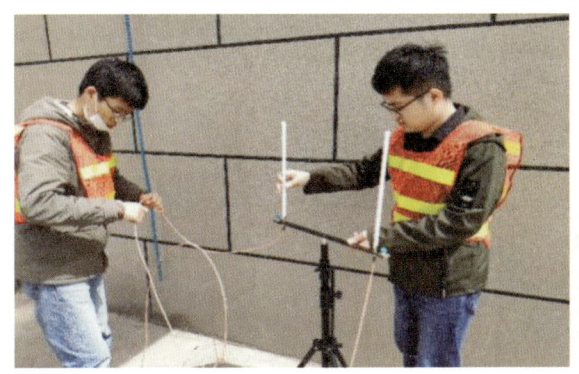
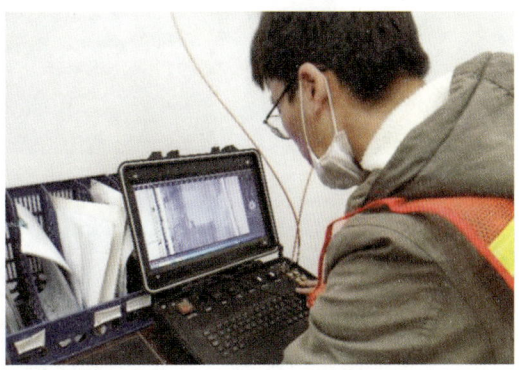

(a)巡检前的安装与调试

(b)巡检现场

图 2-61 南水北调中线工程辉县段巡检

表 2-7 　　　　　　　辉县段道路破损检测与尺寸测量结果

渠段桩号/m	检测结果图	长(宽)/mm		性质
599+300 ～ 599+800		最大	968.45(12.50)	竖向裂缝
		最小	40.14(2.88)	

续表

渠段桩号/m	检测结果图		长(宽)/mm	性质
599+300 ~ 599+800		最大	723.24(8.85)	横向裂缝
		最小	38.68(3.40)	
599+300 ~ 599+800		最大	1876.82(15.00)	横向裂缝
		最小	496.27(14.90)	
599+300 ~ 599+800	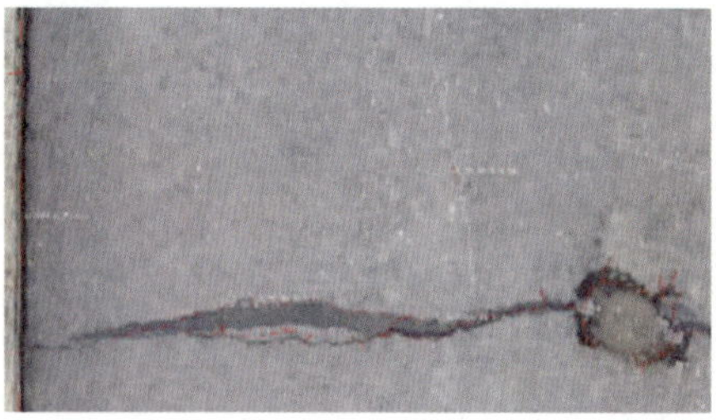	\multicolumn{2}{c}{4051.64(35.30)}	破损

将本装备在双目立体视觉相机辅助病害参数计算下的结果与人工巡检测量的结果进行多次人工抽检对比,对比结果如表2-8所示。以表2-8列举的重点病害为例,在双目立体视觉相机辅助病害参数计算的情况下,机载吊舱测量裂缝宽度为3.26mm,人工实测为3.41mm,测量误差小于10%。

表2-8　　　　　裂缝尺寸测量对比结果

测量方式	测量结果
人工测量   	

续表

测量方式	测量结果
机载设备测量	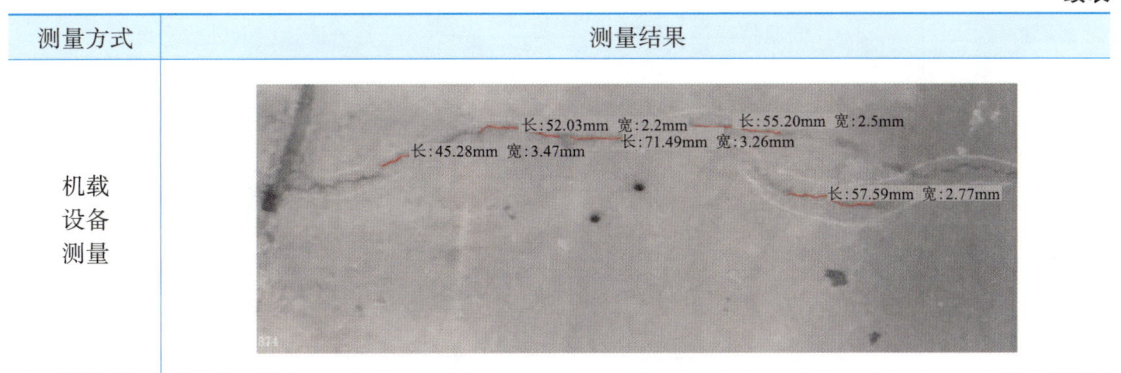

在对辉县段输水干渠马道与混凝土面板的裂缝进行巡检的过程中,部分渠段存在少数道路内部脱空或含水现象,在红外热像仪下表现出明显的低温特征,其中脱空区域渗漏测量结果如表 2-9 所示。

表 2-9　　　　　　　　辉县段部分渠段道路脱空区域渗漏测量结果

渠段桩号/m	低温特征显著原因	红外图像渗漏区域采集
567+300~567+400	道路内部脱空或含水	
598+800~598+900	道路两侧沟渠积水	
600+300~600+400	道路内部脱空或含水	

续表

渠段桩号/m	低温特征显著原因	红外图像渗漏区域采集
600+300 ~ 600+400	道路内部脱空或含水	

(2)南水北调中线工程禹州段巡检测试

1)测试概况

南水北调中线工程禹州段全长 42.24km,为深挖渠和高填方混合渠段,高填方段中背水坡的渗漏为该渠段的主要病害(图 2-62)。2022 年 4 月 2 日到达南水北调中线干线禹州管理处,开展示范应用工作。示范应用期间,当地天气阴转小雨,环境温度 11℃,水下温度 8℃,空气湿度 56%,有少量雨后积水。针对禹州段存在的主要结构病害——高填方渠段背坡渗漏水,结合当地环境制订巡检计划,应用本研究研制的无人机载智能化快速巡检设备对禹州段背坡区域进行快速巡检,取得了良好的应用效果,验证了本研究提出的基于低温特征点引导的红外图像渗漏区域精准识别方法的可行性。南水北调中线工程禹州段巡检现场如图 2-63 所示。

图 2-62 禹州段现场环境状况

图 2-63 南水北调中线工程禹州段巡检现场

2)测试成果

在完成巡检前的安装与测试工作后,对南水北调中线干线禹州管理处上游区域进行粗略巡检,在粗略巡检后发现禹州段杨村西南跨渠公路桥至酸枣树杨村北跨渠公路桥为高填方渠段,背坡渗漏病害高发。针对该区域存在的结构病害,应用本研究研制的无人机载智能化快速巡检设备对该区域两岸进行重点巡检,飞行里程约15km,共检测出21处疑似积水或渗漏含水点,经巡检人员现场验证均得到证实。其中较为典型的渗漏区域检测结果如表2-10所示。

表 2-10 禹州段部分渠段道路脱空渗漏测量结果

渠段桩号/m	低温特征显著原因	红外图像渗漏区域采集
976+200 ~ 976+300	道路两侧沟渠雨后积水	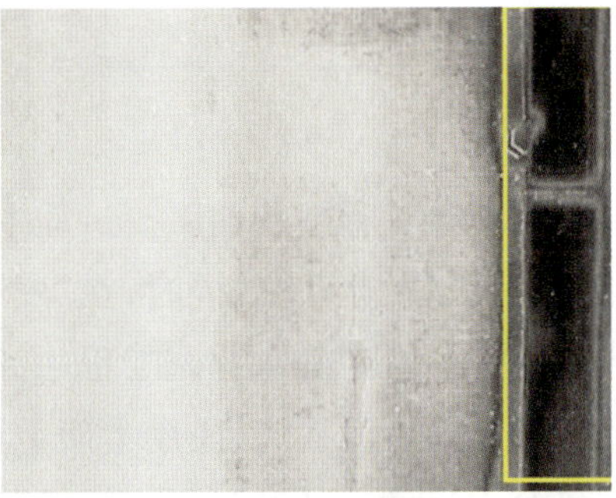
983+700 ~ 983+800	背坡雨后积水	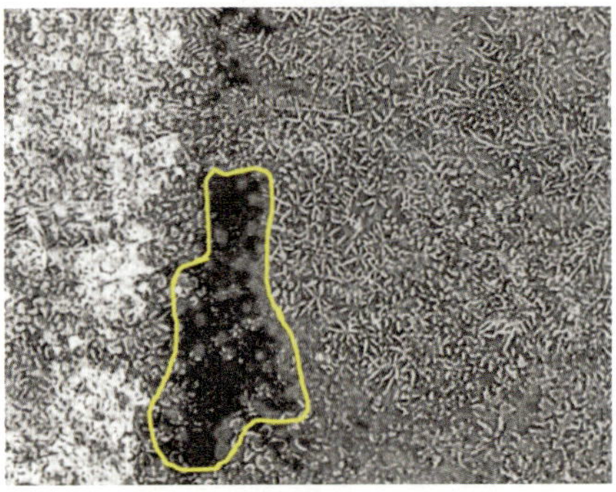
985+300 ~ 985+400	背坡渗水	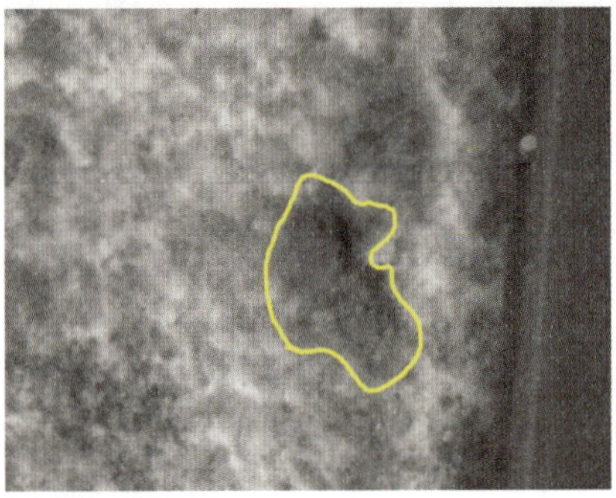

续表

渠段桩号/m	低温特征显著原因	红外图像渗漏区域采集
985+800～985+900	雨后道路部分积水	

3）效果评价

南水北调工程在长期服役过程中，受水位涨落、地质灾害、复杂环境等多种因素的影响，在出现破损、裂缝病害的同时，在高填方渠段极易发生渗漏病害，给南水北调工程的安全运营带来隐患。针对南水北调工程中高填方渠段背坡处存在的渗漏病害，以及混凝土衬砌面板下的脱空与空洞病害，应用本研究研制的无人机载快速巡检设备对南水北调中线工程禹州段部分渠段的背坡及衬砌区域进行快速巡检，在 20km/h 的航速与 10m 的高度下，无人机载红外热成像可感知杂草、青苔下的积水，呈现深色低温态。

现场测试表明，本研究研发的线性工程无人机载智能化快速巡检技术及装备在南水北调中线工程辉县段和禹州段的示范应用过程中，工作状态良好，能够适应复杂的天气变化；无人机飞行高度 10m，飞行速度 20km/h，像素 130 万，均达到了验收指标要求。

2.3.2 时移电法探测技术与装备测试

为验证仪器功能和数据采集质量，分别于 2022 年 7 月和 2022 年 12 月在湖北阳新长江干堤和山东临沂平邑公家庄水库大坝开展了时移电法探测技术与装备测试。通过实地数据采集与在线设备应用，对主控采集系统与在线传输系统的关联性、稳定性，定时设置性能，采集系统及数据传输系统在运行中的触发机制，包括脚本建立、手动启动等开展实用性测试与功能检验。

（1）堤防渗漏通道电法探测应用测试

1）测试概况

为检验和测试研发的时移电法探测装备的性能及应用效果，2021 年 7 月汛期，针对 24# 减压井出水量明显增大现象，在湖北阳新长江 2 级堤防与 24# 减压井间开展渗漏探测研究及实地测试与应用，对仪器的采集系统、数据传输系统、数据处理系统及反演软件功能及效果进行现场性能测试。

测试工作参数:测点距 1m,工作道数 120 道,排列长 119m;供电电压为 450V,接地电阻要求小于 1kΩ·m,供电电流不小于 200mA。装置类型:边缘梯度装置、温纳—斯伦贝谢混合装置。

2)测试成果

①测线 1 位于堤身背水面堤坡中部,剖面方向由上游至下游。纵向上,电性分层较为明显,堤身填土层平均厚约 3.5m,电性分异性较大;第二层黏土层夹粉质黏土,埋深 3.5~10.4m,低阻电性特征明显;第三层砂质黏土层埋深 10.4~13.6m,相对于上覆黏土层电阻率有增高趋势;下伏的粉细砂夹粉质黏土层,横向上电性分异明显,介质分布不均一,含水饱和性较好的粉细砂层呈现的电阻率相对较低,且以 65m 左右桩号为中心的等值线呈现出明显的低阻槽变化趋势,粉细砂层在此增厚。测线 1 高密度电法探测反演视电阻率等值图如图 2-64 所示。

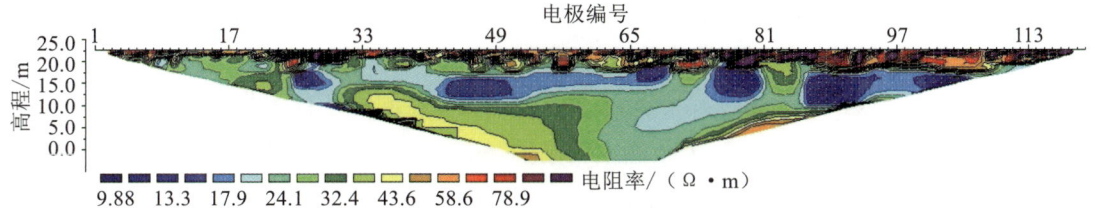

图 2-64　测线 1 高密度电法探测反演视电阻率等值图

②测线 2 沿堤内堤角布设,剖面方向由上游至下游。纵向上,人工填土层厚约 3.0m(高程 20.28~17.28m),电性不均;第二层黏土层夹粉质黏土埋深 3.0~9.1m(高程 17.28~11.18m),低阻电性特征明显;第三层砂质黏土层埋深 9.1~11.2m(高程 11.18~9.08m),相对于上覆黏土层电阻率有增高趋势;下伏的粉细砂夹粉质黏土层,横向上电性具有一定的分异性,在 65m 桩号左右等值线变化呈现出下凹形态,粉细砂层厚度明显增大。测线 2 高密度电法探测反演视电阻率等值图如图 2-65 所示。

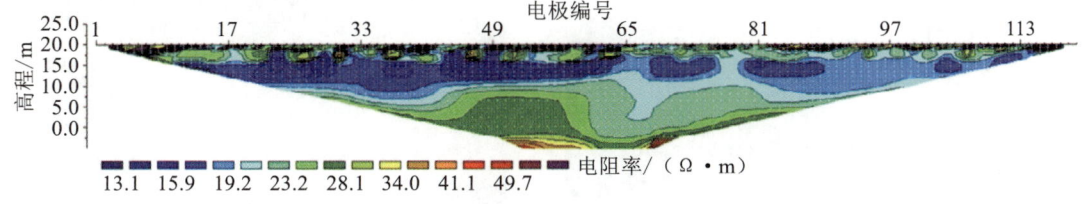

图 2-65　测线 2 高密度电法探测反演视电阻率等值图

③测线 3 平行于测线 2,布设于堤内防护林一侧,剖面方向由上游至下游。地电结构特征总体与测线 2 相似,人工填土层厚、黏土层夹粉质黏土埋深、砂质黏土层埋深与测线 2 基本相同,下伏的粉细砂夹粉质黏土层,横向上电性分异性较明显,粉细砂分布范围有所扩大,在 65m 桩号左右粉细砂层厚度增大明显。测线 3 高密度电法探测反演视电阻率等值图如图 2-66 所示。

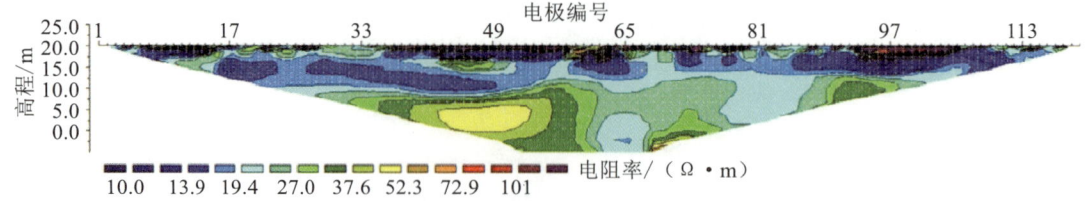

图 2-66 测线 3 高密度电法探测反演视电阻率等值图

综合分析,3 条测线反映的地电结构在纵向上均可分为 4 层,包括堤身填土层或人工填土层、黏土层夹粉质黏土、砂质黏土层、粉细砂夹粉质黏土层。黏土层中因含有一定的铁、锰等金属离子,总体表现为低阻,加上局部所夹的砂质黏土存在散浸水作用,低阻特征更加明显;同时堤基粉细砂层由于具有较好的饱水性,在同层中也呈现出一定的相对低阻特性。

3)效果评价

从数据采集结果看,温纳—斯伦贝谢混合装置、边缘梯度装置具有数据采集量大,分辨率高等特点,同时 BP450 供电电源的采用,提高了供电电压,可使仪器具有供电电流稳定、抗干扰相对增强等特点。从采集过程来看,仪器工作稳定,在同等条件下排列采集所用时间相对于目前同类产品至少缩短 1/3,采集速度提高明显。

(2)堤坝渗漏电法在线探测应用测试

1)测试概况

在线高密度电法试验研究选择在公家庄水库大坝进行,现场在线测试系统连接情况如图 2-67 所示,室内监控系统界面如图 2-68 所示。通过实地数据采集与在线设备应用,对时间电法仪器与远程传输系统的关联性、稳定性、定时设置性能、采集系统及数据传输系统在运行中的触发机制,包括脚本建立、手动启动等功能开展实用性测试与检验。如图 2-68 所示,获取的数据格式可直接进行反演处理与解释。

图 2-67 现场在线测试系统连接情况

图 2-68 室内监控系统界面

测试工作参数:测点距 1m,工作道数 60 道,排列长 59m;供电电压为 250V,接地电阻小于 2kΩ·m,供电电流不小于 200mA。装置类型:温纳(α)。时移电法探测装备的试验研究采用 1 个供电排列和 1 个采集排列的布置方式,测点距 2m,工作道数都为 60 道,排列水平长118m；供电电压为250V，接地电阻小于2kΩ·m，供电电流不小于200mA。

2）监测模式数据采集试验

在线测试设置界面如图 2-69 所示，执行测试时，云服务器程序给主控采集系统持续发送数据采集命令，主控采集系统根据采集命令进行数据采集，并把采集的结果按照约定的数据格式存储在云数据库中；主机本身不保存采集的数据结果。客户端的 Geomative 软件可设置定时或循环任务策略（图 2-70、图 2-71），定时任务设置完成后，信息保存到云服务器。云服务器根据设置的策略，程序自动调用采集进程和主控采集系统进行数据采集交互，并把最终的数据保存到云数据库，可随时登录 Geomative 软件查看测试任务执行情况和下载数据（图 2-72）。同时，还另外对水位预警和自然电位预警两种采集启动模式进行了测试。系统测量数据导出文件格式有 dat、excel、txt、urf。

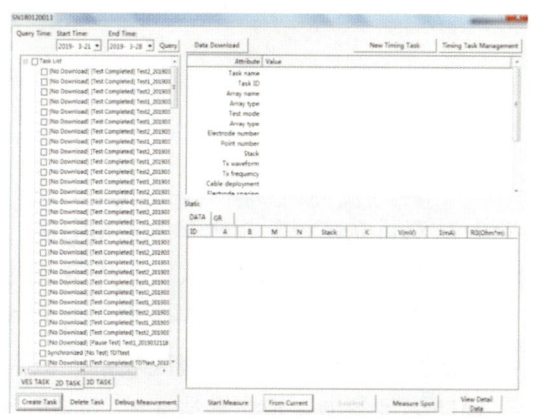

图 2-69　在线测试设置界面

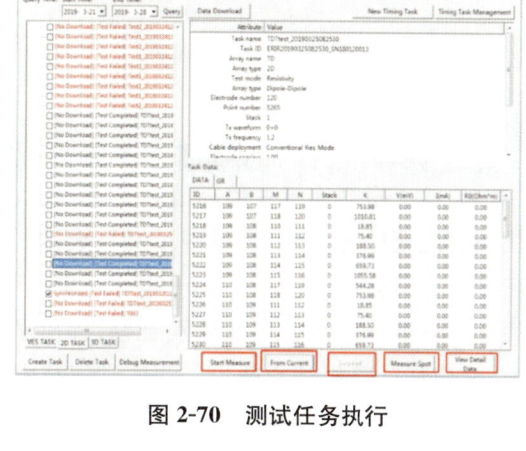

图 2-70　测试任务执行

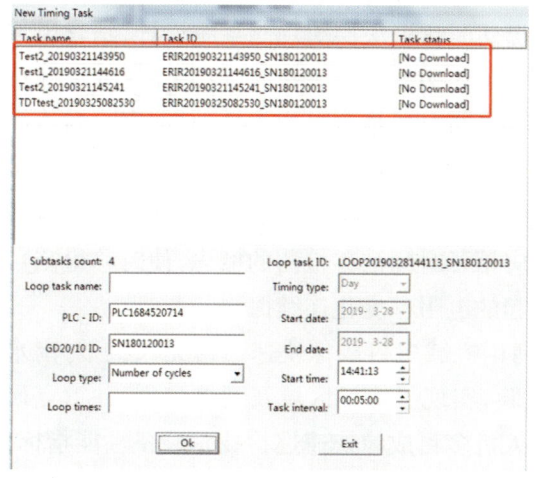

图 2-71　定时任务的创建及测量

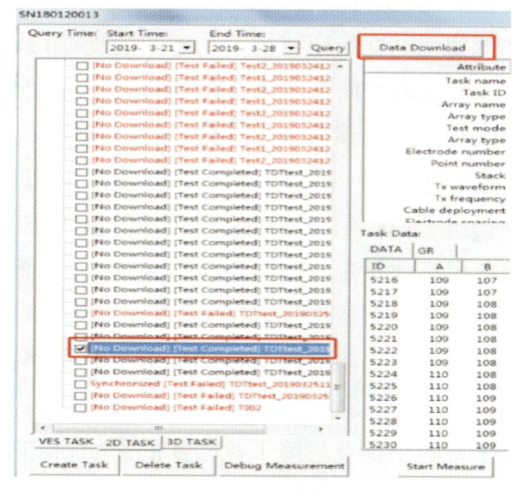

图 2-72　任务数据下载

3）效果评价

从在线监测原始数据评价结果来看，数据变化稳定，曲线过渡圆滑、无畸变点，数据反演成果如图 2-73 所示,剖面电阻率分布均匀,成层性好,变化趋势明显,等值线过渡自然,取得了较好的探测效果。

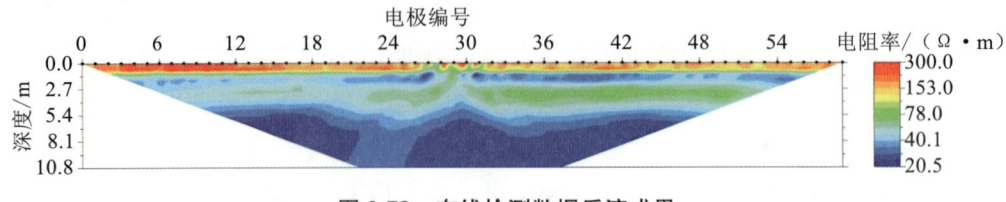

图 2-73 在线检测数据反演成果

从采集过程来看,仪器工作稳定,在网络正常情况下,远程操控采集时间稍大于现场手动采集时间,时移电法探测仪器的在线监测采集功能完全正常,数据格式满足要求,数据传输、下载功能正常。

2.4 本章小结

堤防危险性智能探测技术与装备研发主要完成了以下研究工作。

研发了搭载连续变倍高清可见光相机、红外热像仪、双目立体视觉相机和激光测距仪的快速智能巡检无人机,实现多目视觉成像,具有体积小、质量轻、成像质量高、实时传输等突出特点,可达到飞行高度 10m、飞行速度 25km/h 的快速高精度巡检。针对堤防表观破损与渗漏等典型病害进行快速识别难题,提出了低温特征点引导的红外图像渗漏区域精准识别方法,依托计算机视觉技术与深度学习技术,解决了堤防多种类型表观病害精准识别问题。

研究了堤坝中的管状渗漏、层状渗漏、裂缝等典型隐患在不同尺寸参数、不同深度下的电位变化,获得电场激励下的隐患电位效应,揭示了低可探条件下岸坡堤防隐患参数变化的地球物理电性响应特征及动态演变规律;开展了堤防时移电法探测观测系统设计,结合堤坝结构特点的空间并行采集阵列布置,多剖面实现堤坝结构电阻率分布精细探测,研发了并行采集分布式时移电法探测装备;针对时移检测数据反演对象是一系列连续的、不同时间点的数据集序列,数据量较大,反演过程中病态程度会随时间点的增加而呈级数加重等问题,本书提出了一种用于渗透过程时移电法检测数据处理的混合正则化反演计算方法,能有效过滤电阻率数据中与时间不相关的噪声,从而真正应用了时间推移检测的概念,使时移检测数据反演过程保持连续,从而实现堤坝险情隐患引起的电阻率变化连续探测。

开展了堤防危险性探测技术与装备测试。利用机载多目成像快速巡检无人机,对南水北调中线辉县段、禹州段等试验区段开展巡检试验,实现了渗漏区域及裂缝识别,并重点研究了草的干扰及环境干扰因素的影响,验证了无人机多目成像快速巡检技术装备性能指标。在湖北阳新长江干堤和山东临沂平邑公家庄水库大坝开展了时移电法探测技术与装备功能测试,通过实地数据采集与在线设备应用,对主控采集系统与在线传输系统的关联性、稳定性,定时设置性能,采集系统及数据传输系统在运行中的触发机制等开展实用性测试与功能检验,测试结果表明研制的样机装备满足项目提出的技术指标要求。

第 3 章 堤防水下巡检机器人研发

3.1 堤防水下巡检机器人

3.1.1 技术要求分析

根据任务书检测要求和堤防快速巡查特点,对水下巡检机器人提出如下技术要求:长度不超过 120cm,宽度不超过 60cm,总重量不超过 60kg;配备两个摄像头,头部一个(带云台,角度不小于 150°),侧边一个。高清彩色摄像机要求可变焦,可录制不低于 1080P 的高清摄像;头部摄像头配备高亮 LED 照明灯,侧边配置 LED 照明灯(可拆卸);配备 3 个垂直推进器,4 个矢量布置的水平推进器,单个推力不小于 7kgf(1kgf=9.81N);可搭载分体式侧扫声呐、M900 多波束声呐等;电子仓上预留 12V 电压接口和 24V 电压接口各一个,485 通信接口和 232 通信接口各一个;220V 交流供电,线缆内为直流供电;配备控制软件能满足浮游姿态、摄像头和灯光等设备的状态数据、日期、水深、水温和导航数据等集成到显示界面上,并记录到存储的视频里。水下巡检机器人性能指标如表 3-1 所示。

表 3-1　　　　　　　　　水下巡检机器人性能指标

	性能指标	描述
ROV 规格	尺寸	848mm×406mm×335mm(长×宽×高)
	重量	35kg(本体)
	功率	3000W(最大)
	输入电压	220VAC
	工作深度	300m
	单个推进器推力	7kgf
	航行速度	最大 3 节(静水)
	脐带缆	直径 12mm 零浮力同轴电缆(300m)
传感器	航向	分辨率:0.1°,精度±2°(典型值),航向稳定性±1°
	深度	分辨率:0.09m,精度±0.3%(典型值),定深稳定性±0.09m
	状态检测	温度、压力、湿度、漏水监控

续表

性能指标		描述
检测系统	摄像头数量	2(1变焦+1定焦)
	分辨率	1920像素×1080像素
	最小光照灵敏度	彩色0.01 Lux
	焦距	2.8~12mm
	云台范围	垂直:9°~28°(角度值)
	LED照明灯	2个×1000W
控制方式	遥控器控制	串口连接(防溅水遥控器)
	控制箱	15.6寸笔记本

3.1.2 水下巡检机器人集成系统设计

水下巡检机器人主要包括机器人主体和控制系统,系统组成如图3-1所示。岸上控制系统主要包括407通信板、千兆交换机、载波板、主控电脑USBL基阵、本体控制器和机械手控制器等,水下机器人主体主要包括通信主板、推进器、LED照明灯、摄像机、镜头驱动板、云台、姿态控制板、低压电源管理、高压电源管理、前置声呐、USBL信标、避障声呐、机械手和高度计等。

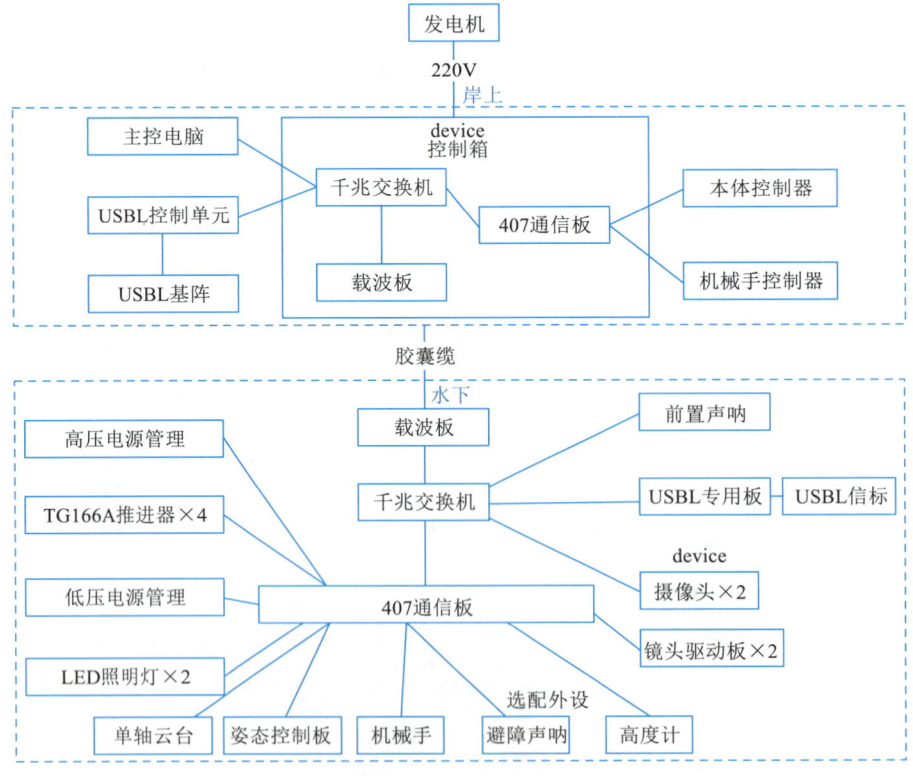

图3-1 水下巡检机器人系统组成

3.1.3 堤防水下巡检机器人主体设计

(1) 堤防水下巡检机器人框架设计

水下巡检机器人整体采用零浮力设计,为框架式开放结构,上部为浮力材料,下部为负载仓,电子仓和推进器位于中部。水下巡检机器人整体效果如图3-2所示。

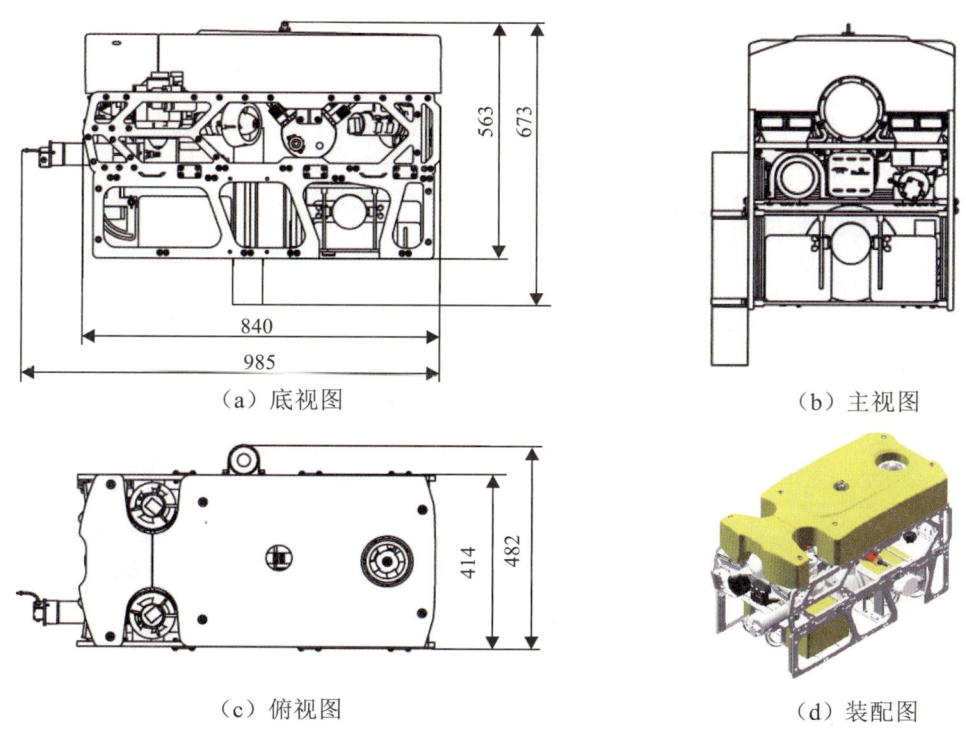

图 3-2　水下巡检机器人整体效果(单位:mm)

主体框架结构采用高分子聚丙烯材料,材料的密度接近水的密度,具有良好的耐腐蚀性,水中的吸水率仅为0.01%,具有突出的抗弯曲疲劳性,可耐受冲击,是较为先进的水下机器人结构材料。浮体材料采用玻璃微珠复合材料,由硼硅酸盐原料经高科技加工而成,粒度为10~250μm,壁厚1~2μm,具有质轻、导热低、强度较高、化学稳定性良好等优点,其表面经过特殊处理具有亲油憎水性能,非常容易分散于有机材料体系中。水下巡检机器人主体框架结构和浮体材料如图3-3所示。

(2) 水下摄像机及灯光设计

由于水下巡检机器人工作环境位于水下,水下照明的物理性质会对设备生成的图像属性产生影响。不同于空气中光学理论,光束通过水时会发生光折射和散射。水下摄像机及灯光设计时,要充分考虑到该不利因素,通过优化摄像机光学设计来消除。水下光源设计研究如图3-4所示。

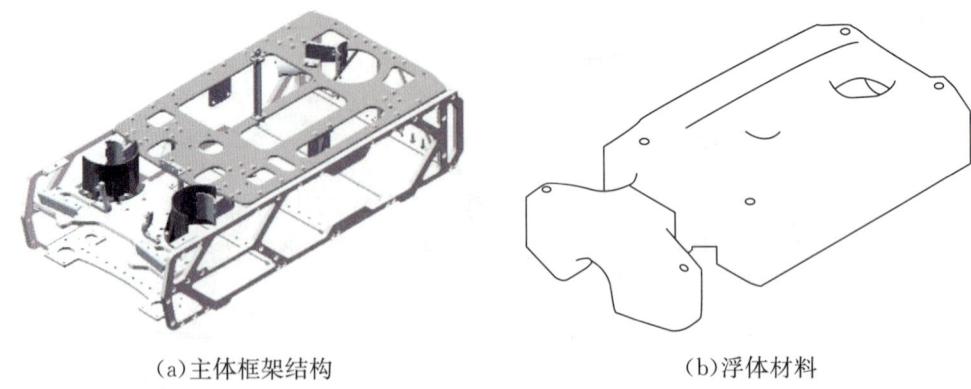

(a)主体框架结构　　　　　　　　(b)浮体材料

图 3-3　水下巡检机器人主体框架结构和浮体材料

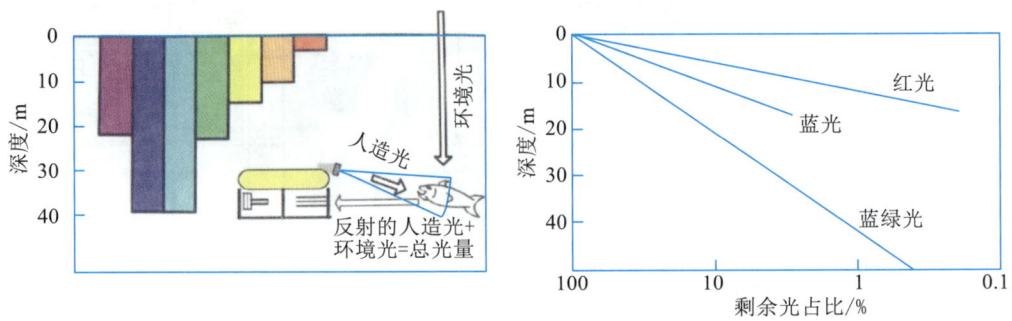

图 3-4　水下光源设计研究

基于上述研究,水下巡检机器人配置一个高清球罩式彩色变焦摄像头(图 3-5)和一个激光尺度仪摄像头(图 3-6)。彩色变焦摄像头分辨率 1920 像素×1080 像素,光照灵敏度为 0.001Lux,具备 FHD 模块功能,可以根据能见度调整为黑白或彩色模式,球罩式彩色变焦摄像头内置垂直云台,通过云台的俯仰调整其与光源的对准角度,云台竖直倾斜角度(俯仰角度)±90°,并具有摄像头实时位置反馈功能。激光尺度仪摄像头为定焦摄像头,焦距 2.8mm,水平最大视场角 110°,标尺间距 52mm,测量误差小于 5mm,高清摄像机性能指标如表 3-2 所示。

图 3-5　球罩式彩色变焦摄像头

 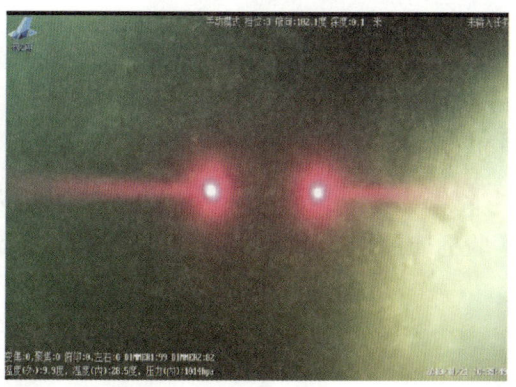

图 3-6　激光尺度仪摄像头

表 3-2　　　　　　　　　高清摄像机性能指标

性能指标	描述
尺寸	65mm×88mm(直径×长度)
空气中重量	550g
焦距	2.8mm
水平最大视场角	110°
供电	24V(水密电缆直接供电)
光照灵敏度	黑白 0.001Lux
标尺间距	52mm
测量误差	小于 5mm(高清摄像机上的测距仪在 3m 内)
测量方式	通过上位机软件直接量取水下目标物的尺寸

水下巡检机器人摄像头随动搭配 4 组高亮度泛光 LED 照明光源(图 3-7),亮度可实现无级控制调节,具备过温保护功能。

图 3-7　高亮度泛光 LED 照明光源

(3)机器人电子舱及传感器设计

水下机器人电子舱的密封是最基本的设计性能之一。密封舱体的设计,充分考虑了静密封的"O"形密封圈压缩率与舱体沟槽尺寸公差,预留足够安全系数空间后,仍能达到相应的耐压水平(图 3-8)。根据前期调研以及在专业的测试环境与设备下,模拟创造了多个实验环境与实验标准,用来保证产品的精度、寿命与稳定性。静应力分析情况如下:

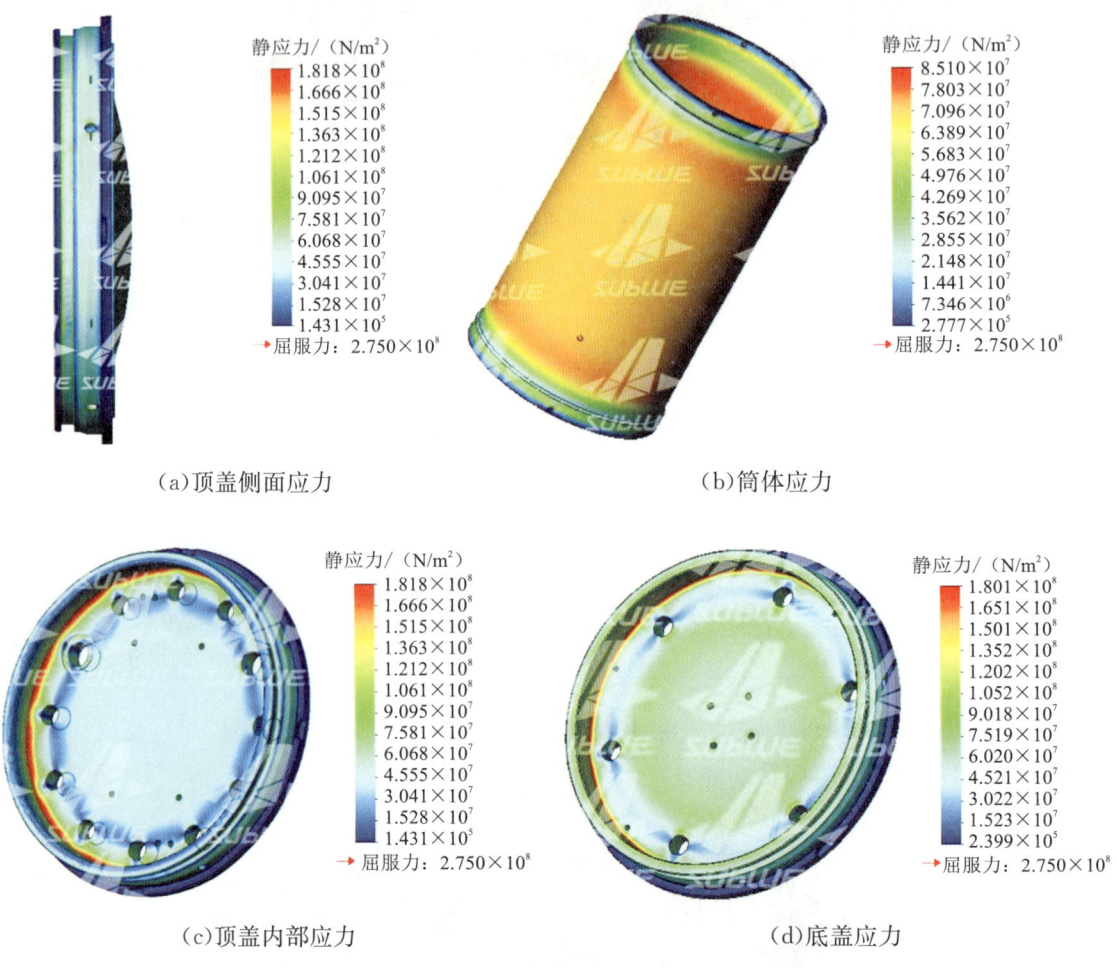

图 3-8 电子仓静应力分析

在保证水下巡检机器人结构强度和耐水压的情况下,尽量考虑减轻其耐压舱质量,采用可靠的密封设计。根据前期调研,采用 6061 硬质铝合金材料,可工作于 pH 值为 6~8 的水域中,耐压深度达 300m,同时通过硬质阳极氧化处理后,可以防止不同环境水质对耐压舱基材的腐蚀。舱体采用径向和轴向密封两种方式,并经过了多学科的优化设计,水密接插件选用国际知名厂商的产品,保证了整体品质。整个耐压舱体的设计在轻质量、高强度、可靠密封、耐腐蚀等多个方面达到了最优。

电子舱(图 3-9)为分层式设计布局,遵循功能设备及电子元器件功能相近者集中布置的原则,并注意各个功能模块的相对独立。采用技术措施,避免电子舱的电磁干扰,并考虑热设计,在电路发热集中区域进行被动散热设计处理,充分热交换。重视各种保护的设计,如漏水检测设计,温度保护设计,绝缘保护设计,过压、欠压、过流保护设计。

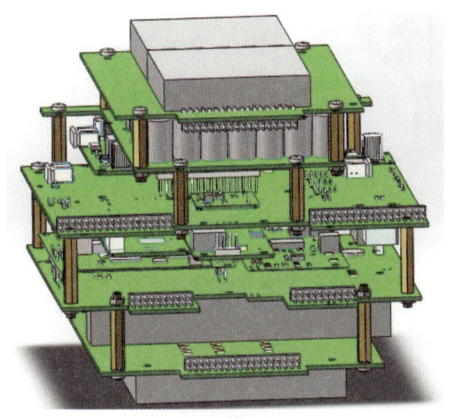
（a）控制模块

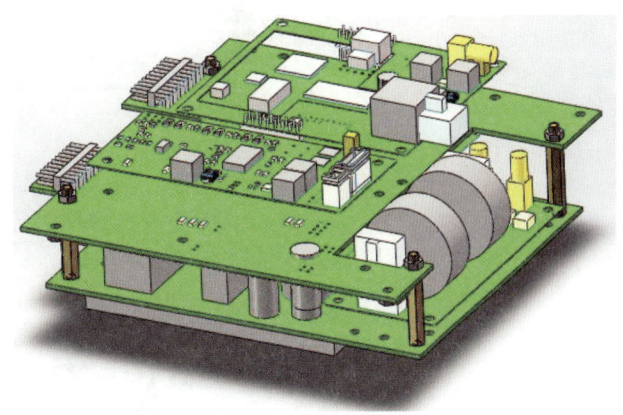
（b）定位模块

图 3-9　电子舱及传感器

（4）水下推进器设计

水下巡检机器人主机采用"3+4"矢量控制推进布局方式,水下具备全姿态运动调节能力,可搭载快速拆卸负载舱,负载舱可搭载用户所需的声学检查设备;水平方向布置 4 个矢量分布的推进器,垂直方向前方布置 2 个、后方布置 1 个,具有前进、后退、左右平移和上升、下潜功能,可以实现 360°全向运动以及原地转向,具有自动定向、自动定深、自动浮沉、推力保持等自动控制功能(图 3-10 至图 3-13)。大功率水下推进器性能指标如表 3-3 所示。

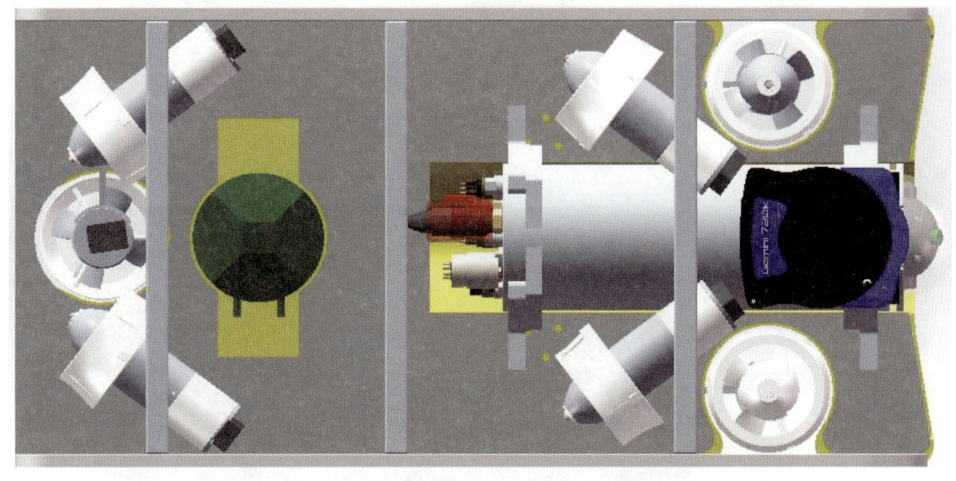

图 3-10　水下巡检机器人水平矢量推进器布置

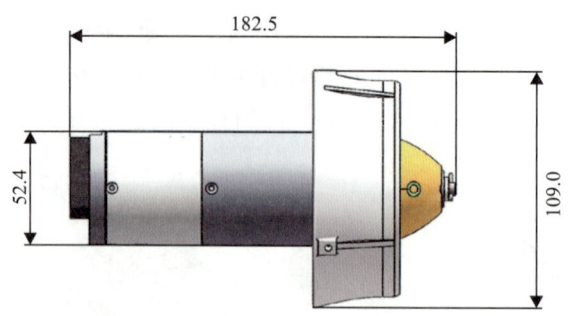

（a）主视图

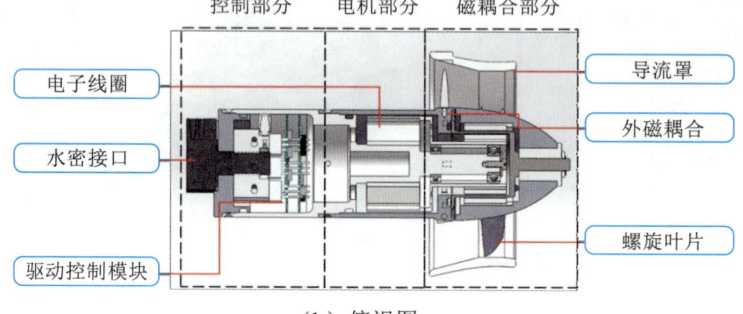

（b）俯视图

图 3-11 推进器示意图（单位：mm）

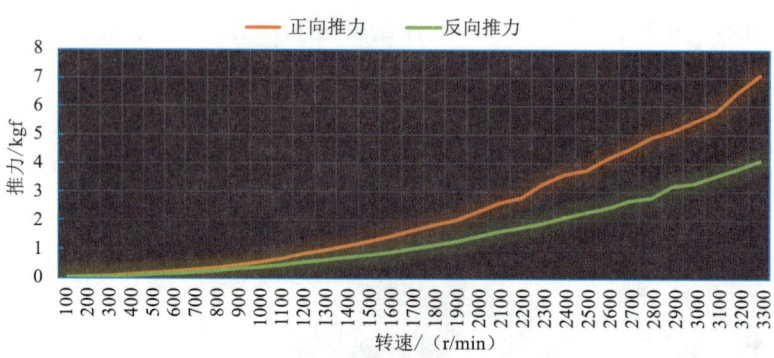

图 3-12 推进器转速和推力曲线

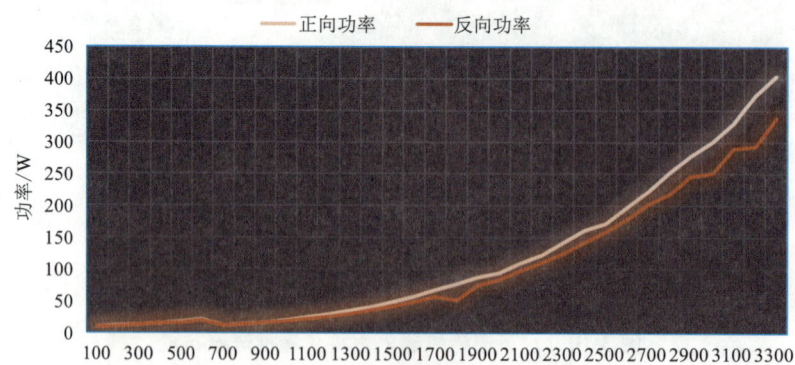

图 3-13 推进器转速和功率曲线

表 3-3　　　　　　　　　　　大功率水下推进器性能指标

性能指标	指标取值或描述
最大正向推力/kgf	7
反向最大推力/kgf	5
额定电压/V	360
额定功率/W	400
工作深度/m	300
功能	内置可反馈温度、速度、功率、电压等参数检测

(5)堤防水下巡检机器人脐带缆设计

水下巡检机器人配置手动绞车线缆(图 3-14),脐带缆采用水下零浮力电缆,外层使用了特种聚氨酯材料,非常耐磨及抗水下腐蚀;脐带缆内部填充凯夫拉层,使得脐带缆具备极强的抗拉强度,脐带缆密度为 $1\pm0.03\mathrm{g/cm^3}$,与水密度基本一致,在水中保持零浮力,抗拉强度大于 200kgf(200kg 拉力以内拉伸时不出现短路或断路现象)。脐带缆性能指标如表 3-4 所示。手动绞车框架为聚丙烯材质,强度大、重量轻、耐腐蚀。

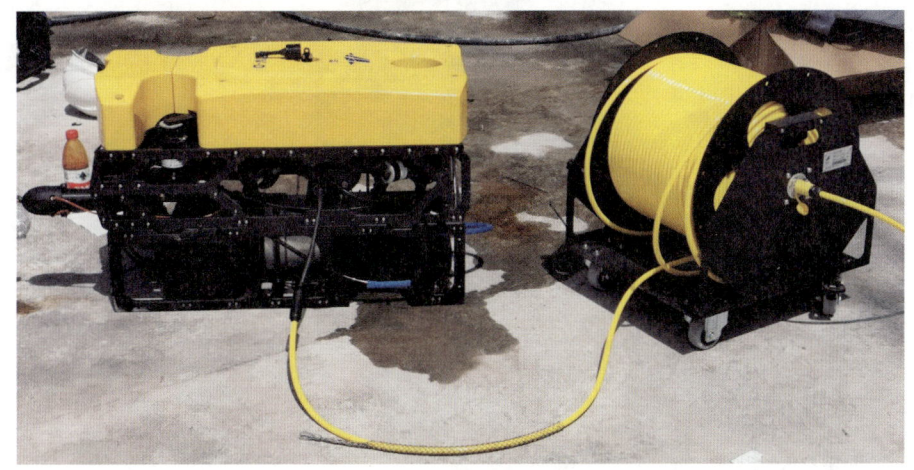

图 3-14　手动绞车线缆

表 3-4　　　　　　　　　　　脐带缆性能指标

性能指标	描述	示意图
内导体	裸铜	
抗拉层	高强度纤维编织	
衰减	2~80MHz≤0.18dB/m	
抗拉强度	>200kgf,200kg 拉力以内拉伸时不出现短路或断路现象	
环境特性	-20℃/+75℃	

3.1.4 堤防水下巡检机器人控制系统设计

水面控制系统由 DR4 控制箱、手持操控终端（PCU）、PCU 连接端、电源输出端、控制箱电源连接线等组成（图 3-15）。控制主机为高性能 X86 平台硬件，可作为绝大多数传感器、检查设备的软件平台。控制单元设计有一键拍照、摄像功能，并特别设计了视频实时回放功能，可以实时地回放和分析影像资料。最多支持 8 路开关量和 10 路模拟量，支持串口最高通信波特率 115200bps。SIU 系统是一款兼顾经济性和实用性的岸基通信及供电系统，用于工控机与控制器及 ROV 本体的控制指令的转换与传输，以及电源的供电与分配，提供 4 路 220V 交流输出，以及 1 路 400V 直流输出。

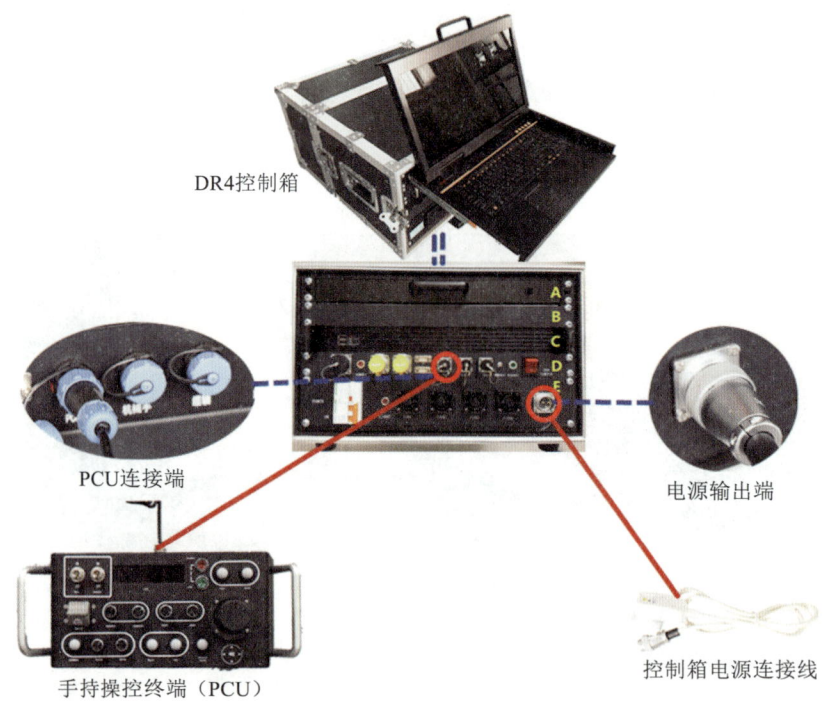

图 3-15 水面控制系统组成

控制软件将日期、时间、水深、航向、控制模式、水中温度、电子仓内温度、电子仓内压力、云台俯仰角度、照明灯亮度、摄像头焦距、任务名称等信息通过叠加字幕的方式在主摄像头界面上显示。采用分布式显示系统，显示器控制界面可同时、实时显示 ROV 控制信息，导航信息，两个以上摄像头图像，声呐图像，机械手图像，推进器推力，水中横滚俯仰姿态，手柄连接状况，漏水、漏电、信号中断等异常报警故障信息等，运动控制软件截面如图 3-16 所示。

本研究水下巡检机器人设计方案于 2021 年 6 月讨论确定，样机于 2021 年 11 月初完成，水下巡检机器人样机如图 3-17 所示。

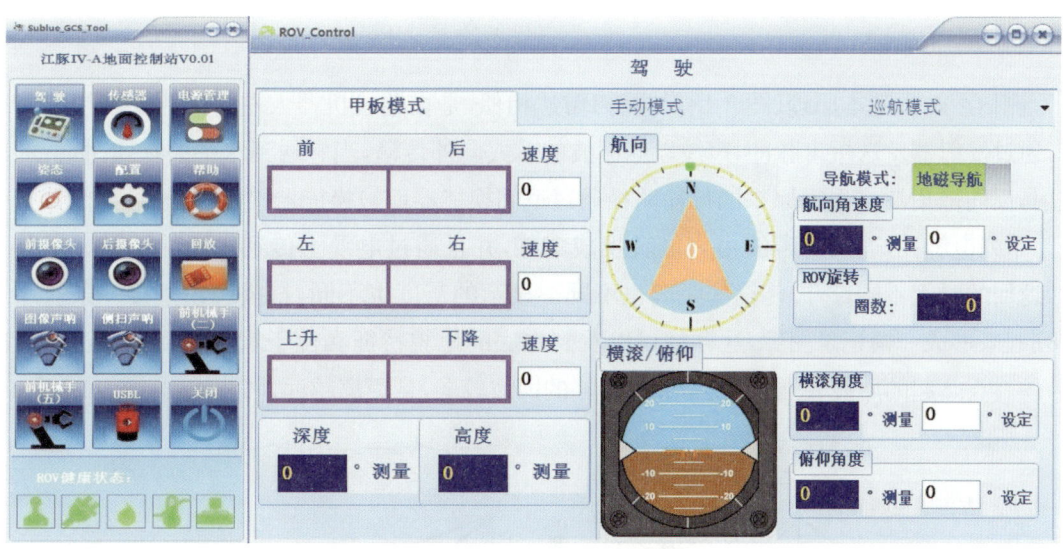

图 3-16 运动控制软件截面

图 3-17 水下巡检机器人样机

3.1.5 快速巡检系统研究

堤防为沿河道布置的线性防洪工程，其快速巡检除高性能水下巡查机器人外，还需配置适合线性检测的巡检系统。根据试验验证和研究，在海洋工程中应用较多的侧扫声呐和多波束图像声呐配合，可在堤防快速巡检中高效完成堤防迎水面普查。

(1)测量原理

侧扫声呐的基本原理(图 3-18)与侧扫雷达相似,是在巡检机器人左右两侧安装换能器线阵,通过发射器发送短声脉冲,声波以球面波的形式向外传输,当它遇到水中的物体时,会形成散射,反向散射波将根据原来的传输路径通过返回换能器而被换能器接收,并通过换能器转化为一系列电脉冲,返回的声波由声能转换成电能,并且通过电缆上传到水面的记录显示单元内,返回的时间不同,声波传输的距离也不同。显示的灰度也不同,扫描线一条接一条有序地排列起来形成一幅记录图像,这样就可以看到水底的地貌特征和位于水底的目标。正常情况下,硬、粗、凸起的回波较强;柔软、光滑、凹陷的回波较弱,且距离越远,回波越弱(图 3-19)。

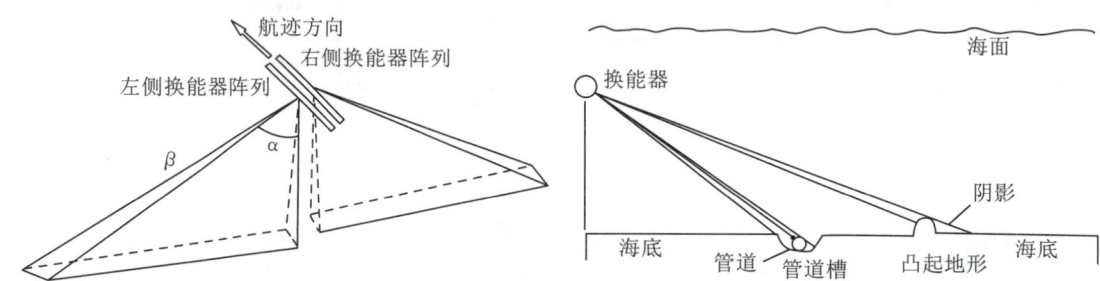

图 3-18　侧扫声呐基本原理

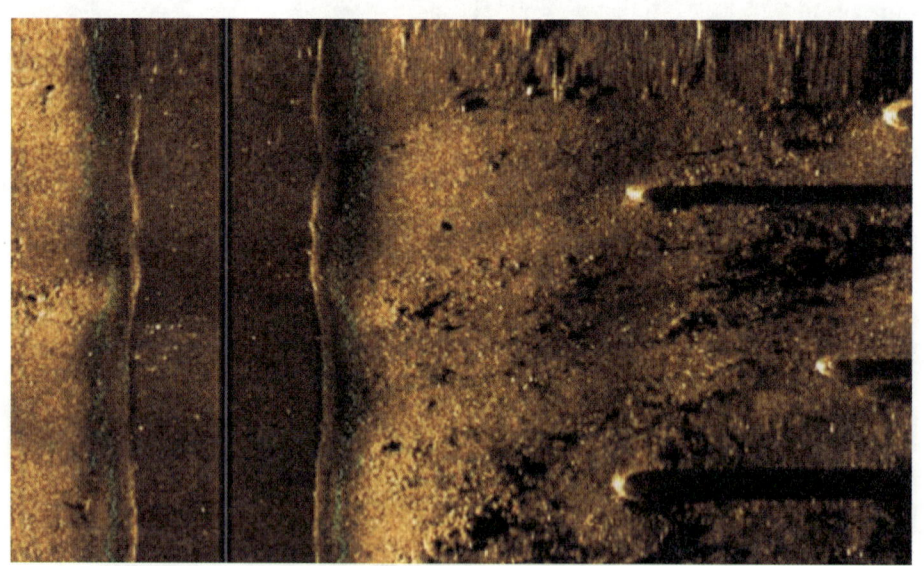

图 3-19　侧扫声呐成像效果

(2)侧扫声呐选型研究

1)选型要点

侧扫声呐作为堤防快速巡检机器人的主要组成部件,在长距离检测堤防隐患工作中提供了直观的图像,针对侧扫声呐的选择,首先对国内研究声学的单位和高校进行了调研,建立了对侧扫声呐直观的认识,通过深入了解使用单位在工程应用中的经验,结合项目实际需求,提炼选型要点,指导侧扫声呐的比选。

目前,国内市场上主流的侧扫声呐安装方式主要分为拖曳式和固定式(嵌入式)两种,按频率可分为双频侧扫声呐和单频侧扫声呐。侧扫声呐分类如图 3-20 所示。

根据调研,广州中海达卫星导航技术股份有限公司生产的 iSide(图 3-21)系列单波束声呐分辨率高,同时可双频工作,采用先进的电路处理技术,结合独特的图像处理算法,提供出色的大量程、高分辨率的图像,iSide 系列侧扫声呐参数如图 3-22 所示。

北京海卓同创科技有限公司自主研发生产的 ES 和 SS 系列侧扫声呐具有双频同步工作、参数独立、低频大扫宽、高频高分辨率、粗扫精测兼顾成像等特点(图 3-23、图 3-24)。其中,ES 系列作为微小型嵌入式侧扫声呐,专门搭载于 AUV、ROV、无人船、水下滑翔机等无人航行器设计,集成简单且图像高清的侧扫声呐产品。ES 可完美保障载体原有流线型结构,已广泛应用于水下扫雷、管线扫测、目标搜救、暗管排除等应用场景。

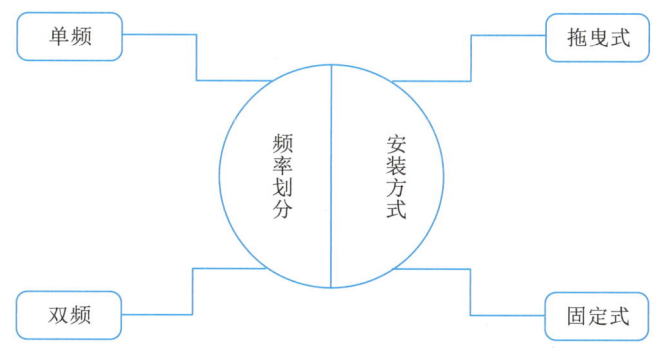

图 3-20　侧扫声呐分类

图 3-21　iSide 900P 侧扫声呐

型号	iSide 4900	iSide 1400	iSide 400	iSide 900
工作频率	400kHz & 900kHz	100kHz & 400kHz	400kHz	900kHz
发射脉宽	20~1000μs（CW） 1~4ms（LFM）	20~1000μs（CW） 1~4ms（LFM）	20~500μs（CW） 0.5~2ms（LFM）	20~500μs（CW） 0.5~2ms（LFM）
信号类型	CW/LFM（线性调频）	CW/LFM（线性调频）	CW/LFM（线性调频）	CW/LFM（线性调频）
水平波束角	0.2°@400kHz 0.2°@900kHz	0.6°@100kHz 0.2°@400kHz	0.3°	0.3°
垂直波束角	50°	50°	50°	50°
波束倾斜	水平向下倾斜10°、15°、20°可调，出厂安装20°	水平向下倾斜10°、15°、20°可调，出厂安装20°	水平向下倾斜15°	水平向下倾斜20°
航迹分辨率	0.03h（里程）@400kHz, 0.03h（里程）@900kHz	0.01h（里程）@100kHz, 0.03h（里程）@400kHz	0.005h（里程）	0.005h（里程）
垂直航迹分辨率	1cm	1.25cm	1.25cm	1.25cm
最大量程	150m@400kHz 75m@900kHz	450m@100kHz 150m@400kHz	150m	45m
工作航速	2~6节	2~6节	2~6节	2~6节
工作深度	2000m	2000m	500m	300m
尺寸	105mm×143mm（直径×长度）	105mm×1264mm（直径×长度）	105mm×767mm（直径×长度）	换能器：285mm×55mm 非密封电子仓：172mm×100mm×98mm 密封电子仓：240mm×105mm
重量（空气中）	27kg	34kg	12kg	换能器：1.0kg 非密封电子仓：1.5kg 密封电子仓：2.1kg
功耗	最大30W	最大40W	最大15W	最大15W
内置传感器	内置姿态、航向、压力、测深传感器	内置姿态、航向、压力、测深传感器	无	无
拖缆	凯夫拉加强缆 标准50m（可定制）	凯夫拉加强缆 标准50m（可定制）	凯夫拉加强缆 标准20m（可定制）	无

图 3-22　iSide 系列侧扫声呐参数

图 3-23　ES900 系列侧扫声呐及配件

技术指标	
工作效率：	900kHz
最大斜距：	75m@900kHz
水平波束宽度：	0.2°@900kHz
	标准尺寸下水平波束宽度
垂直波束宽度：	50°
沿航迹向分辨率：	900kHz：0.07m@20m;0.17m@50m;0.26m@75m
垂直航迹向分辨率：	1cm@900kHz
可选配件：	微型数据记录仪、大功率储能电容
信号形式：	CW/Chirp（自适应调整）
换能器耐压：	1000m（标准）
换能器尺寸：	标准尺寸：40cm×2.5cm×2cm（长×宽×高）
换能器形式：	收发分置
换能器重量：	空气中~310g（单只）
电子系统尺寸：	12.7cm×5.8cm×2.7cm（长×宽×高）
电子系统重量：	~220g
供电：	DC12-30V
功耗：	10~30W
接口：	1路100M以太网控制与数据接口
	1路隔离型RS2323辅助传感器接口
	1路TTL同步输入接口
	8路TTL同步输出接口
软件：	标配HydroSonar软件和SDK开发包

图 3-24　ES 系列侧扫声呐参数

北京蓝创海洋科技有限公司生产的 Shark 系列侧扫声呐具有全频率达到特点，其中 Shark-S450U 侧扫声呐是一款小巧、轻便、易用、超低功耗的高分辨率声呐（图 3-25、图 3-26）。其具备 450kHz 的 Chirp 调频信号处理技术，每侧 150m 量程，能保证足够的覆盖宽度；沿航迹方向 0.3°波束开角，能保证高分辨率的成像，可供无人船或水下机器人等平台嵌入使用，多样化满足各种需求。其拖鱼结构可靠耐用，小巧轻便，水下耐压深度可达 500m。

根据以上调研和应用经验以及众多文献中侧扫声呐的应用，提炼侧扫声呐选型要点如下：

①侧扫声呐重量和尺寸要适宜，由于侧扫声呐搭载在堤防巡检机器人平台上，要求搭载后不影响机器人的重心；同时堤防巡检机器人为紧凑型设备，结构样式为框架型，因此侧扫声呐搭载后，要保证设备整体协调，不影响设备工作。

②侧扫声呐功耗要低,堤防巡检机器人设备电子仓端口主要预留了12V和24V的直流电端口,这就要求侧扫声呐工作时功率较低,不对搭载平台造成影响。

③侧扫声呐兼容性要强,由于不同ROV结构、载荷和内部电磁环境差异巨大,因此要求载荷具有很好的兼容性和较强的定制化能力。

声呐指标	Shark-S450U
工作频率	450kHz
信号类型	LFM(线性调频)/CW
最大量程	150m
波束开角	水平:0.3°;垂直:50°
分辨率	航迹分辨率:0.005h(量程) 垂直航迹分辨率:1.25cm
换能器安装角	15°
最大工作深度	300m(铝合金);1000m(不锈钢)
一体版拖鱼尺寸/重量级	637mm×105mm(长×直径)/6kg(空气中)
分体版单个换能器尺寸/重量	517mm×58mm(长×宽)/2kg(空气中)
分体版非密封电子仓尺寸/重量	200mm×155mm(长×宽)/1.7kg
分体版密封电子仓尺寸/重量	240mm×105mm(长×直径)/2.1kg
供电功耗	DC24V,最大15W
声呐软件OTech	Windows系统,支持NMEA0183定位导航格式数据输入;可同时输出OTSS、XTF两种格式数据
数据缆	Kevlar加强缆,标配长度:2m(可选其他长度)

图3-25 Shark-S450U侧扫声呐参数

(a)测扫声呐本体　　　　(b)侧扫声呐与安装架组装

图3-26 Shark-S450U侧扫声呐

2)侧扫声呐比选

根据国内侧扫声呐技术现状调研,国内在拖曳式声呐方面技术较为先进,研发了一系列定型产品,同时对嵌入式侧扫声呐的研究也不断进步,进而开发出了一批较为符合定制化要求的小型侧扫声呐,其应用效果也在逐步完善,基本符合市场需求。因此,本研究对侧扫声呐的选型重点关注国内成熟的定型产品,根据选型要点遴选出适合研究需求的侧扫声呐。

对国内市场上应用较多的侧扫声呐进行广泛的考察,重点选出 3 款侧扫声呐进行比选,生产厂家分别为广州中海达卫星导航技术股份有限公司、北京海卓同创科技有限公司、北京蓝创海洋科技有限公司。3 款侧扫声呐的主要技术参数(标配)对比如表 3-5 所示。

表 3-5　　　　　　　　3 款侧扫声呐的主要技术参数(标配)对比

型号	iSide900P	海卓 ES900	Shark-S450U
厂家	广州中海达卫星导航技术股份有限公司	北京海卓同创科技有限公司	北京蓝创海洋科技有限公司
结构	嵌入式结构:轻便、易搭载	嵌入式结构:轻便、易搭载	嵌入式结构:轻便、易搭载
耐压/米级	300	300	500
重量/g	1000	625	1800
工作频率/kHz	900	100～2000	450
垂直波束/°	50	50	50
水平波束/°	0.3	0.47	0.3
供电/V	DC24	DC10-36	DC18-36
功耗/W	最大 15	10～15	最大 15
信号带宽/kHz	60	60	60

综合以上比选,考虑到与巡检机器人的搭载兼容性和成像效果,选择 ES900 型侧扫声呐。

3)ES900 侧扫声呐配置

①换能器。

换能器是侧扫声呐学信号的收发单元,ES900 侧扫声呐配备两个换能器。

②电路模块。

以太网上可发送到采集单元软件,同时下可控制命令电路模块,电路模块对采集单元指令进行处理。

③采集单元。

ES900 侧扫声呐组件采集单元为 HydroSonar 全中文操控软件,软件具备控制、显示、导航数据采集、保存、回放等功能,ES900 侧扫声呐换能器和电路模块分别如图 3-27、图 3-28 所示,HydroSonar 采集软件界面如图 3-29 所示。声呐数据通过以太网协议 TCP/IP 高速传输给采集单元,此外定位信息也通过串口直接输入采集单元。

图 3-27　ES900 侧扫声呐换能器

图 3-28　ES900 侧扫声呐电路模块

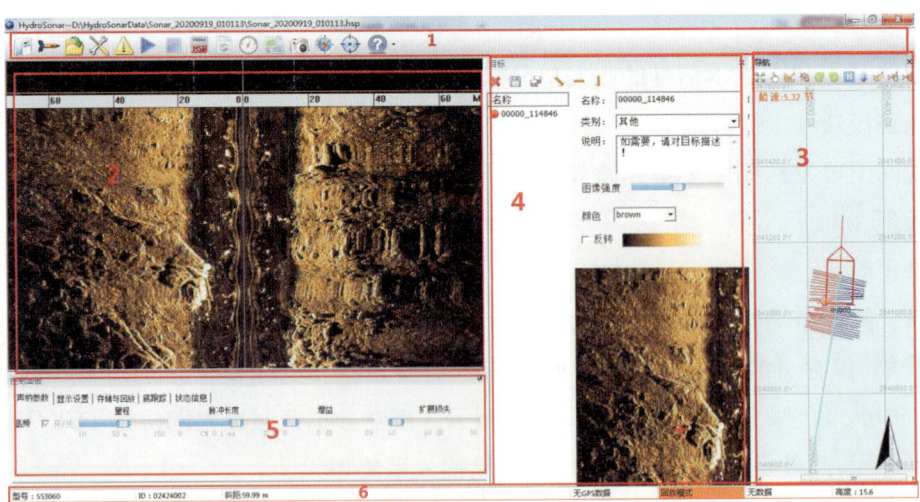

图 3-29　HydroSonar 采集软件界面

3.2 堤防快速巡检技术研究

堤防由于施工质量的差异,出现险情的原因多种多样;不同堤段、不同隐患类型导致堤防险情形式各异,给堤防险情的快速、高效探测带来巨大挑战。根据堤防水下快速巡检技术研究现状的调研,国内外常用的钻孔取芯虽然能查出险情原因,但效率较低,无法适应快速巡检要求。鉴于堤防险情的复杂性和导致其发生的原因的多样性,根据工程实践采用单一物探方法或水下摄像检测往往难以准确查明渗漏通道,仪器对水下渗漏的探测无法像干地缺陷检测那般直观。因此,研究人员提出应采用多种手段为一体的综合探测方法,且要求各手段的检测成果应能互相验证,互为补充。

本研究在大量调研和实际工程应用的基础上,根据侧扫声呐技术在水利工程中的应用成果,基于水下机器人平台和声学、光学探测设备,提出由侧扫声呐进行广域险情普查,发现险情后采用高清摄像精确详查的声光一体堤防快速巡查技术。

3.2.1 技术原理

声光一体堤防快速巡查技术以侧扫声呐、图像声呐广域普查为基础,通过声呐成果对堤防水下部门进行险情快速排查,确定险情区后,水下巡检机器人采用高清示踪技术确定险情。该技术涉及多个专业、多种技术手段,自身相互验证,检测成果准确、可靠、丰富、直观。

(1)声呐检测技术

侧扫声呐的基本工作原理与侧视雷达类似,侧扫声呐左右各安装一条换能器线阵,首先发射一个短促的声脉冲,声波按球面波方式向外传播,碰到海底或水中物体会产生散射,其中的反向散射波会按原传播路线返回换能器而被换能器接收,经换能器转换成一系列电脉冲。侧扫声呐工作示意图如图3-30所示。

(2)水下高清示踪摄像技术

水下高清示踪摄像技术是水下喷墨示踪与高清摄像相结合的渗漏检测技术,主要应用于小范围的渗漏普查和渗漏区的精确定位详查。项目组开发了基于ROV的水下高清示踪摄像装置,搭载在水下机器人平台上,在水下高清摄像视线范围内实施水下示踪(图3-31)。示踪剂采用食品级带色颜料,一般为红色或黑色。在岸上控制水下机器人平台移动至可能渗漏通道的入口处,通过控制器释放带色颜料,同时利用高清摄像实时记录颜料在渗流作用下被带入通道的影像,直观判断渗漏通道入口。

自主研发的示踪装置检测深度可达200m,每次下水携带100mL示踪剂,喷射次数不少于200次。该技术除可对渗漏入口详查定位外,还可用于渗漏区域中渗漏点的普查,通过多次示踪确定渗漏点数量和渗漏大小。

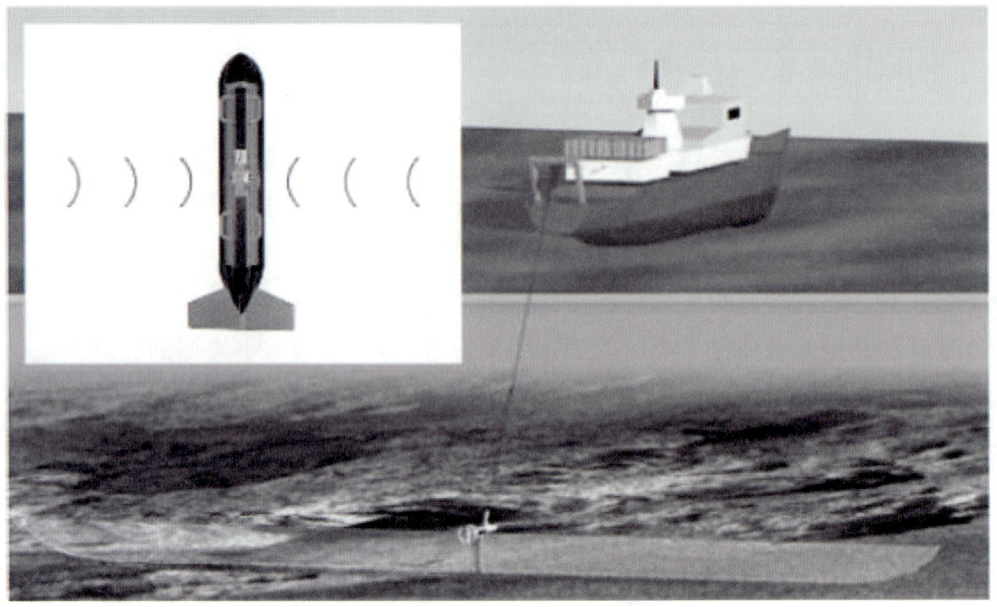

图 3-30 侧扫声呐工作示意图

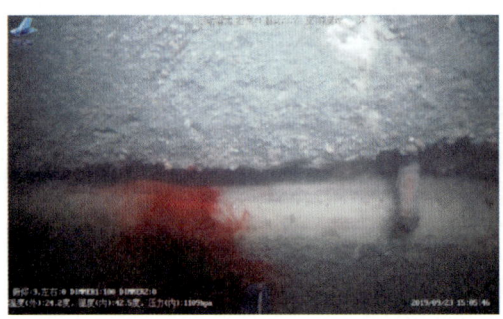 

图 3-31 水下高清示踪摄像

3.2.2 技术指标及特点

(1)技术特点

1)检测设备集成度高

声光一体堤防快速巡查技术以水下机器人为搭载平台,高度集成高清摄像系统、侧扫声呐和图像声呐系统、灯光照明系统等。

2)检测精度高

声呐检测精度可根据需求进行调整,满足绝大多数工程的应用条件。

3)检测效率高

该技术针对渗漏点分散、渗漏隐蔽性高等情况,提出了从广域普查到定位详查的堤防快速巡检技术,检测效率成倍提高。

(2)技术指标

1)摄像照明

配备两个摄像头,头部一个(带云台,角度不小于 150°),侧边一个。高清彩色摄像机要求可变焦,可录制不低于 1080P 的高清摄像;头部摄像头配备条带泛光灯带,侧边配置 LED 灯(可拆卸)。

2)动力系统

配备 3 个垂直推进器,4 个矢量布置的水平推进器,单个推力不小于 7kgf。

3)导航模块

配备水下导航模块、压力传感器(精度不低于 0.05m)、罗经(静态精度不低于 0.5°)。检测船耐压级别 300m,航行速度不低于 3 节。

3.3 应用案例

3.3.1 室内测试

为验证堤防水下巡检机器人系统性能,对设备进行了室内测试(图 3-32)和航行速度测试(图 3-33)。室内测试主要对机器人浮力配平、操作系统功能、各功能部件(摄像、照明、推进器、声呐、传感器等)是否工作正常等进行检测。室内测试结果显示:水下巡检机器人操作系统功能正常,机器人浮力平衡,各功能部件均可正常工作,性能参数满足要求。

图 3-32 水下巡检机器人室内测试

图 3-33 水下巡检机器人航行速度测试

3.3.2 水库测试

2022 年 6 月对水下巡检机器人进行了现场测试,对水下巡检机器人在真实环境下的主要性能参数进行检测(图 3-34 至图 3-38)。主要检测项目有:巡航速度、检测效率、机器人操控稳定性、传感器性能、照明摄像系统性能等。测试结果显示:水下巡检机器人操作系统工作正常,动力系统工作正常,可实现前进、后退、浮沉、转向、定深等功能,操控稳定性较好,最高巡航速度约1.5m/s,最高检测效率约2km/h;照明系统配置合理、能够满足水下照明需求;高清摄像头可调整云台角度、可变焦,摄像清晰度不小于1080P;温度、压力、湿度、漏水监控等传感器工作正常;机器人可搭载声呐、喷墨示踪等装置,且兼容性良好。

图3-34 水下巡检机器人系统(1)

图3-35 水下巡检机器人系统(2)

图3-36 水下巡检机器人性能测试

图3-37 水下巡检机器人安装调试

图3-38 水下巡检机器人现场测试

3.3.3 现场应用

(1)项目概况

在湖北省荆门市漳河堤防开展现场应用。该堤防高程 114.0m 以上采用现浇混凝土护坡,高程 114.00m 以下为原始护坡。为查明两岸堤防运行状态,采用自主研发的堤防快速巡检机器人系统对堤防进行检测。声呐检测发现堤防高程 114.0m 以下岸坡基本平整,局部存在凹坑(图像中阴影)。针对快速巡查的凹坑等异常部位,利用水下高清示踪摄像技术详查,发现为局部岸坡塌陷,凹坑中分布有石块等杂物。通过应用查明了堤防运行状态,为堤防快速检测提供了新的技术手段。

(2)应用成果

①声呐检测成果(图 3-39 至图 3-41)。

图 3-39　侧扫声呐搭载

图 3-40　声呐检测成果(1)

图 3-41　声呐检测成果(2)

②高清摄像及喷墨示踪成果(图3-42至图3-44)。

③航速验证成果。

图3-42　堤防水下巡检机器人高清摄像(1)

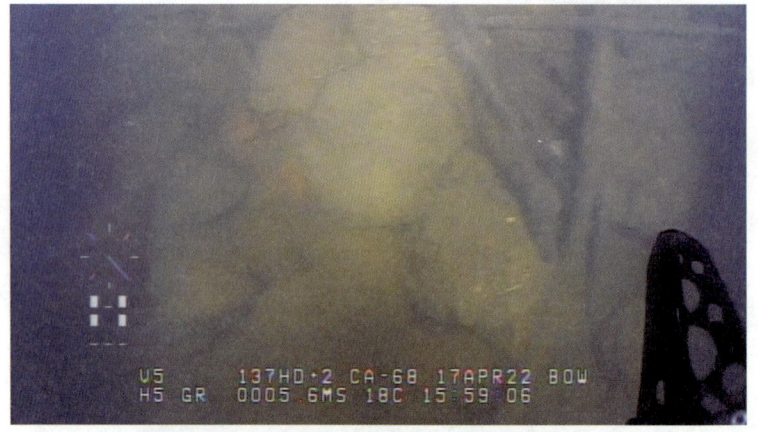

图3-43　堤防水下巡检机器人高清摄像(2)

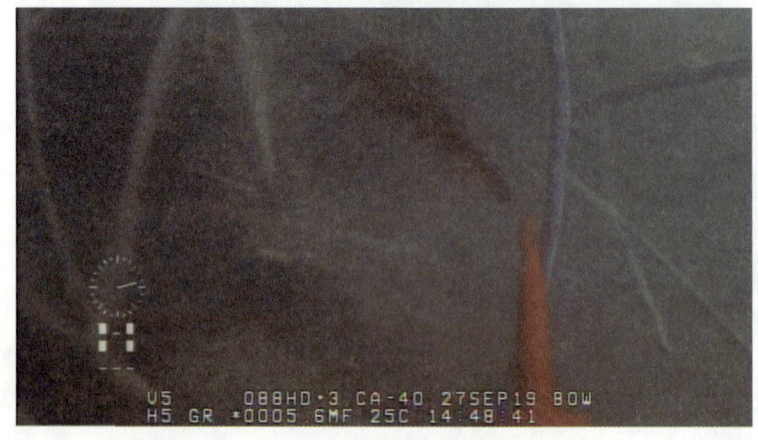

图3-44　堤防水下巡检机器人喷墨示踪

本研究堤防检测长度 2km，堤防巡检机器人下水后开始计时，设备在巡检过程中时刻记录运动轨迹，直到完成 2km 的堤防巡检，共计耗时 58min，巡检速度大于 2km/h。堤防水下巡检机器人现场调试、现场检测和航速检验分别如图 3-45、图 3-46 和图 3-47 所示。

图 3-45　堤防水下巡检机器人现场调试

图 3-46　堤防水下巡检机器人现场检测

图 3-47　堤防水下巡检机器人航速检验

3.4　本章小结

　　针对堤防快速巡检特点,提出了水下巡检机器人基本性能指标要求,在此基础上提出水下巡检机器人系统设计架构,并对框架结构、摄像机灯光系统、电子仓及传感器系统、水下推进器系统和缆轴系统等水下机器人主体结构进行深入的研究设计,根据水下巡检机器人功能开发了人性化的控制系统和交互界面,通过集成侧扫声呐和多波束图像声呐,实现了对堤防迎水面的快速巡检,研发了一套基于水下机器人平台和声学、光学探测设备。侧扫声呐进行广域险情普查,发现险情后采用高清摄像精确详查的声光一体堤防快速巡查技术。该技术涉及多个专业、多种技术手段,自身相互验证,检测成果准确、可靠,丰富、直观。

　　通过室内测试和工程现场测试,对水下巡检机器人的各项性能进行了检测,机器人巡航速度、检测效率、传感器、照明系统、摄像系统等各项指标能够满足任务书要求和堤防快速巡检需求,机器人操控稳定性较好,可搭载声呐、喷墨示踪等装置,兼容性良好,可实现对堤防隐患的快速巡查。

第 4 章　堤防险情及运行维护管理知识库研究

4.1　研究背景及技术路线

洪涝灾害一直是发生频率高、危害范围广、对国民经济影响最为严重的自然灾害之一。自新中国成立以来，经过 70 余年的努力，我国七大江河防洪工程体系已经日臻完善，为社会安定与经济发展发挥了巨大的保障与支撑作用。堤防在我国防洪工程体系中占有重要的地位，我国在长期的防洪实践中已逐步形成各类堤防，据 2010—2012 年第一次全国水利普查公报可知，中国堤防总长度 41.4 万 km，其中 5 级及以上堤防 27.6 万 km，5 级以下堤防 13.8 万 km[56]。截至 2019 年，全国已建成 5 级及以上江河堤防 32.0 万 km[57]。中国的堤防多数是经历代培修加固而成，年代久远，堤基条件及堤身建筑质量较差，地质条件复杂，受人类和动植物活动影响频繁，服役过程中不可避免会产生管涌、滑坡、崩岸和漫溢等险情，防洪抢险任务重，人力、物力消耗巨大，致灾影响重大[58]。在 1998 年大洪水中，长江干堤发生险情 9000 多处，抢险高峰时投入 670 多万人，充分暴露了我国防洪工程标准低、险情多、风险大、抗洪抢险手段落后、技术含量低、洪水管理措施不尽完善等问题[59]。自 1998 年以来，长江流域防洪工程体系经多年建设已取得一系列重大的成就，长江流域防洪水平已显著提升。堤防工程是长江流域防洪工程体系的重要组成部分，在 2020 年长江流域性大洪水的影响下，长江干堤无一溃决，但长江中下游堤防工程累计发生各类险情 4335 处，险情数量为近 10 年之最[60]。

近年来，水利部门初步建立了基础地理数据库、管理数据库、监测数据库等水利业务数据库，但数据冗杂、相对割离，无法满足智能化决策需求。数据融合为解决数据标准化提供了有效途径，在军事、金融、交通等领域已被广泛应用，但在堤防中的应用较少。任海文等[61]通过引入建筑信息模型（BIM），将堤防运行维护基础管理信息、巡检养护信息、堤防工情水情信息与堤防 BIM 模型相结合，实现不同类别运行维护信息的动态可视化管理。但考虑堤防险情险段的应急决策模块的相关研究较少。马祺瑞等[62]以解决传统人工抗洪抢险工作量大、效率低等难题和提升堤防隐患排查与应急处置效率为总目标，提出了抗洪抢险关键技术信息化研究框架。

随着长江流域迈入高质量发展新阶段，社会财富和人口沿江聚集度更高，风险加大，为保障人民生命财产安全，提升抗洪抢险能力需求也更加迫切。同时各类监测设备与遥感等新技术的发展，为获取堤防安全运行实时数据提供了新的技术手段，建立堤防数据库并基于实时监测大数据的堤防动态安全评估已具备研究基础[63]。因此，如何建立知识库，利用人工智能及智慧图谱等技术手段充分挖掘各类数据之间的关联，实现堤防安全动态评估，及时识别堤防险情并给出处理方案，是堤防应急抢险决策的一大需求。

伴随着科学技术的进步与计算机水平的发展，建立堤防险情以及运行维护管理知识库也已具备了相应的硬件支撑及软件支持。构建堤防险情及运行维护知识库，可突破监测数据多而杂的局限，实现多源异构感知数据的高度融合及标准化管理；可智能判定堤防工程致灾风险，实现安全评估动态化，及时识别堤防险情，根据附近地区以往历史险情及处置方案，为现阶段堤防险情提出参考处理方案，提高抢险决策效率。构建该知识库能够实现堤防险情识别、处理及资源调配的全过程快速处理，为防洪抢险堤防险情应急处理提供有力、高效、可靠的技术支撑。因此，总结堤防运行维护现状短板及现有研究成果进展，提出了堤防险情运行维护知识库研究技术路线（图4-1）。

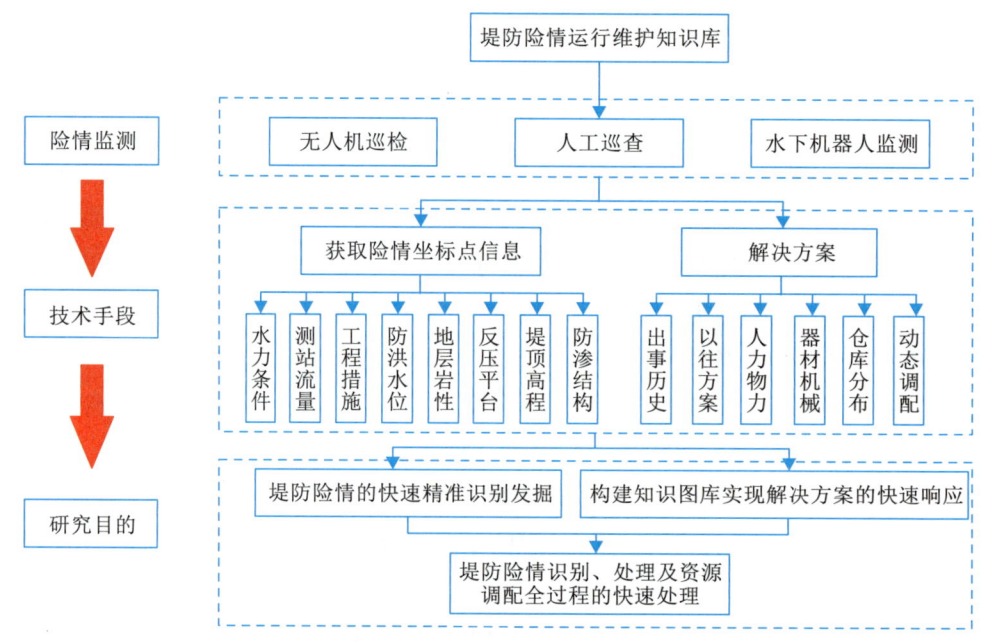

图4-1　堤防险情运行维护知识库研究技术路线

（1）堤防险情监测

主要采用人工巡查、无人机巡检与水下机器人监测相结合的形式进行堤防险情的监测。在常规传统人工巡查路线设置的基础上，配备无人机巡检设备以及水下机器人设备，进行大范围的巡查及监测，构建了全方位、高精度的天—地联合探测网络，实现了堤防险情隐患的快速侦查、全面巡查、精准监测。

（2）堤防运行维护知识库的建立与运用

通过整合分析防洪工程设计积累的长江流域内湖北省堤防工程相关资料，包括湖北省长江干堤隐蔽工程(堤防防渗工程与护岸工程)及 2020 年堤防出险险情等资料,完成上图信息化处理。初步建立起能够反映湖北省内长江干堤设计断面信息、堤防隐蔽工程设置以及堤防出险隐患事故的空间、时间分布的堤防运行维护知识库。

在实际的一线堤防险情巡查监测过程中,在现场第一时间获取堤防险情对应的具体位置信息后,将相关数据信息输入堤防数据库,在已经建立的运行维护知识库中进行索引,能够快速获取相关堤段的工程条件如堤防级别、堤顶高程、防洪水位、堤防断面图、反压平台尺寸、防渗结构,地质条件如地层分布、岩性分布、地质力学条件、土体物理力学指标、地基处理措施等。

由于历史因素及客观条件,难以获取每一段堤防的详细工程条件与地质条件,因此采用数据库中已有的距离输入的坐标位置点最近的堤防信息,为位于输入坐标位置处的工程条件与地质条件提供参考。

获取工程条件和地质条件之后,一线巡查人员可以对堤防险情的出现原因进行快速的初步判断分析。例如,通过数据库查询,判断出险堤段地基地质条件是否存在明显的软弱层,前期是否采取了对应的工程措施进行防护,工程措施如反压平台尺寸是否达到了对应的设计要求,出险堤段是否采取了隐蔽工程措施,护岸工程和防渗措施的规模与分布等信息。

在初步分析的基础上,数据库能够提供出险堤段或邻近堤段的出险历史,以及当时采取的有效解决方案。参考临场经验与以往的有效解决方案,一线人员能够快速、准确、有效地敲定对应的处理方案。在确定了具体的堤防险情处理方案之后,核算出所需要的人力、物力、财力,再次通过运行维护知识库获取堤防险情坐标点附近的防汛仓库位置及其所具备的设备信息,并通过动态调控,获取最优化的资源分配方案,在第一时间开展堤防险情事故的处理。

(3)预防潜在隐患

在历史堤防出险事故上图信息化处理之后,可以在数据库中获取历史出险事故的空间、时间分布情况,从而加强对重点区域的巡查工作,预防潜在的事故隐患。设置基于出事事故处的堤外水位、流量信息的指标,当现状达到出事事故时段同期的水位、流量时,在对应区域进行额外的重点巡查监测,将潜在的隐患事故消灭在萌发阶段。

综上所述,本研究拟在收集梳理已有流域水库、堤防、蓄滞洪区、洲滩民垸、排涝泵站等水工程基础资料和研究成果的基础上,运用 GIS 技术和可视化方法,构建具有自主知识产权的湖北省堤防险情及运行维护管理知识库展示平台;引入大数据思想,采用数据挖掘、人工智能分析等手段,建立险情动态评估机制,并以此为核心,打造一套基于"识别—判定—处理—更新"闭环模式的险情运行维护知识库,为湖北省长江流域堤防的复杂防洪情势提供有力决策支持。

4.2 知识库平台搭建

知识库平台已有的搭建依据及收集整理的流域防洪相关基础资料和科研成果,形成基于防洪专业知识逻辑的大数据库,为专业数据和知识成果可视化展示提供基础。在全国第一次水利普查数据、水利部长江水利委员会一张图数据、水利工程勘测设计资料等已有资料的基础上,结合正在开展的相关国家重点研发、区域性规划、水利前期项目等,进一步收集流域各省市防洪排涝相关资料,包括长江上中游已建、在建、拟建的25座控制性水库,长江中下游42个蓄滞洪区,3900km干流堤防,406个干流洲滩,2000余座排涝泵站等工程数据,以及干支流主要控制站点、河道地形、江湖蓄泄能力等防洪相关基础数据,并梳理、整合,将其精准化、矢量化、统一化、标准化。

除此之外,知识库平台的搭建还收集了《长江流域综合规划(2012—2030年)》《长江流域防洪规划》《全国治涝规划》等流域防洪相关规划,以及《长江中下游超额洪量研究专题报告》《长江中下游沿江排涝泵站纳入防洪体系统一调度》等相关专题研究成果,考虑基于专业知识逻辑的空间拓扑关系,设计各类工程数据和基础数据的数据库表格式,采用 ArcGIS 中 Spatiotemporal DataStore 数据管理工具,构建流域防洪知识库,通过数据分片存储机制,提高数据写入和查询检索能力。

4.2.1 长江流域防洪工程体系

经过几十年的防洪体系建设,长江流域已基本形成了以堤防为基础、三峡水库为骨干,其他干支流水库、蓄滞洪区、河道整治相配合,以及平垸行洪、退田还湖等工程措施与防洪非工程措施相结合的综合防洪减灾体系,其总体布局如图4-2所示。

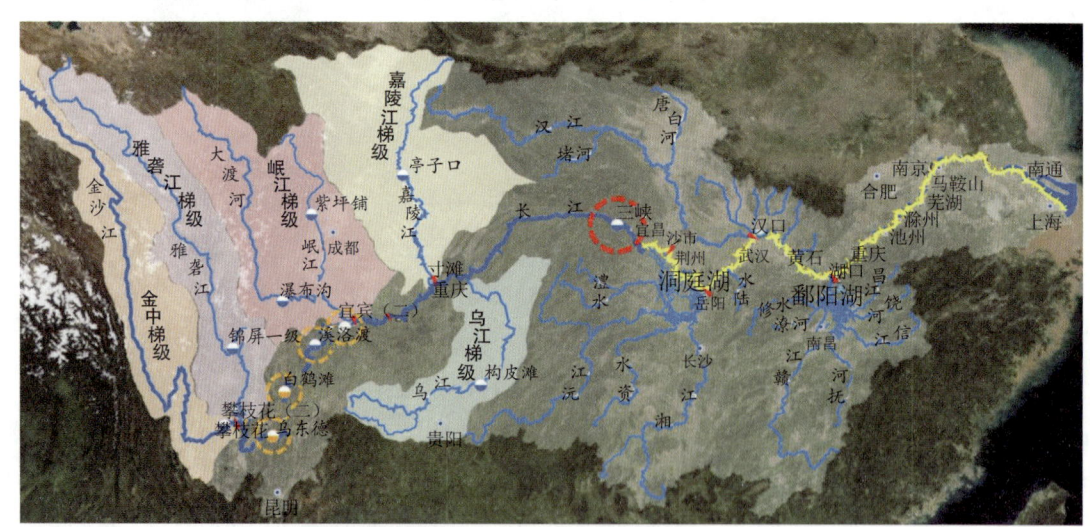

图 4-2 长江流域防洪工程体系总体布局

(1)堤防工程

长江中下游堤防包括长江干堤、主要支流堤防,以及洞庭湖区、鄱阳湖区等堤防,总长约30000km,是长江防洪的基础,目前长江中下游3900余千米干流堤防已基本达标。1972年、

1980年，国家先后两次召开长江中下游防洪座谈会，确定长江中下游干流宜昌至湖口河段堤防设计洪水位分别为沙市45.00m、城陵矶34.40m、汉口29.73m、湖口22.50m。

荆江大堤、无为大堤、南线大堤、汉江遥堤以及沿江全国重点防洪城市堤防为1级堤防。松滋江堤、荆南长江干堤、洪湖监利长江干堤、岳阳长江干堤(岳阳市城区段除外)、四邑公堤、汉南长江干堤、粑铺大堤、黄广大堤、九江大堤(九江市城区段除外)、同马大堤、广济圩江堤、枞阳江堤、和县江堤、江苏长江干堤(南京市城区段除外)，以及汉江下游干流堤防(武汉市城区段除外)、洞庭湖区、鄱阳湖区重点圩垸堤防为2级堤防。国家确定的蓄滞洪区其他堤防为3级。

本研究重点考虑湖北省境内宜昌站与城陵矶站之间的长江干流堤防，即荆江大堤、南线大堤1级堤防，松滋江堤、荆南长江干堤、洪湖监利长江干堤等2级堤防，以及下百里洲江堤3级堤防。各堤防基本情况如表4-1所示。

表4-1　　　　　　长江中下游干流湖北省境内堤防基本情况

堤段	所在地	长度/km	等级	超高/m
松滋江堤	湖北省松滋市	51.20	2	1.5
下百里洲江堤	湖北省枝江市	37.37	3	1.0
荆江大堤	湖北省荆州市	182.35	1	2.0
南线大堤	湖北省公安县	22.00	1	3.4
荆南长江干堤	湖北省松滋市、荆州区、公安县、石首市	189.32	2	1.5~2.0
洪湖监利长江干堤	湖北省洪湖市、监利市	230.00	2	1.5~2.0

(2)水库工程

长江流域已建成大型水库300余座，总调节库容1800余亿m^3，防洪库容约800亿m^3。其中，长江上游(宜昌以上)大型水库112座，总调节库容800余亿m^3，预留防洪库容421亿m^3；中游(宜昌至湖口)大型水库170座，总调节库容949亿m^3，预留防洪库容333亿m^3。

2012年国家防汛抗旱总指挥部首次批复了《2012年度长江上游水库群联合调度方案》，对三峡、二滩、紫坪铺、构皮滩、碧口等10座水库的调度原则和目标、洪水调度、蓄水调度、应急调度、调度权限、信息报送和共享等方面进行了明确，为水库群联合统一调度提供了依据。2021年，长江上中游联合调度的水库数量增加到47座，以三峡水库为核心，金沙江下游梯级水库为骨干，金沙江中游群、雅砻江群、岷江群、嘉陵江群、乌江群等5个上游水库群组，清江群、汉江群、洞庭湖"四水"群和鄱阳湖"五河"群等4个中游水库群组相配合的长江上中游水库群联合调度体系格局(图4-3)逐步形成。

长江流域干支流洪水遭遇复杂，考虑到各支流来水与干流洪水的遭遇特性，结合自身流域的防洪任务和配合或协调三峡水库在长江中下游防洪中的作用，长江上中游水库群联合调度投入使用次序有其基本的原则。当长江中下游发生大洪水，需要配合三峡水库进行拦洪时,先利用雅砻江与金沙江梯级水库拦洪水,再动用金沙江下游梯级,必要时,动用岷江、嘉陵江、乌江梯级水库防洪库容。当长江中下游发生大水时,中游水库群在满足本流域防洪要求的前提下,与三峡水库相机协调调度,避免干流拦蓄与支流泄水腾库矛盾出现,加重干流防洪压力。

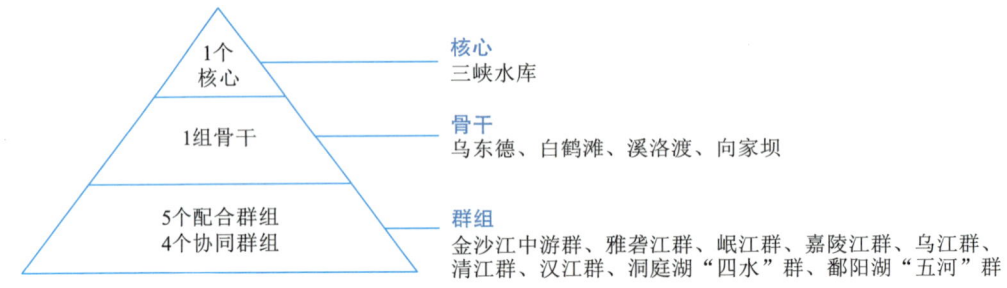

图 4-3　长江上中游水库群联合调度体系格局

三峡水库是长江防洪的关键性骨干工程,是长江上游水库群联合防洪调度的核心,水库防洪库容分为兼顾对城陵矶地区进行防洪补偿调度的库容、对荆江河段进行防洪补偿调度的库容和防御特大洪水的库容3个部分。第一部分56.5亿 m^3 库容既用于对城陵矶防洪补偿,也用于对荆江防洪补偿;第二部分125.8亿 m^3 用于对荆江地区防洪补偿;第三部分39.2亿 m^3 用于防御上游特大洪水。实行水库群联合调度之后,一方面可以通过上游水库群同步拦蓄洪水(水量),减少进入三峡水库的洪水,降低三峡水库的调洪水位,进一步加大三峡水库的防洪作用;另一方面可以削减上游水库进入三峡水库的洪峰流量,降低动库容效应引起的库尾水位,进一步增加三峡水库对城陵矶附近地区的防洪补偿库容,减少城陵矶附近地区的超额洪量。

金沙江下游溪洛渡、向家坝水库在留足川渝河段所需防洪库容的前提下,根据长江中下游防洪需要,配合三峡水库承担长江中下游防洪任务,按三峡水库预报入库洪量进行分级控泄,减少进入三峡水库的洪量;当预报三峡水库入库洪峰较大时,削减进入三峡水库的洪峰流量。

金沙江梨园、阿海、金安桥、龙开口、鲁地拉,雅砻江锦屏一级、二滩等配合三峡水库承担长江中下游防洪任务的水库,实施与三峡水库同步拦蓄洪水的调度方式,适当控制水库下泄。

岷江瀑布沟,嘉陵江亭子口,乌江构皮滩、思林、沙沱、彭水等承担所在河流防洪和配合三峡水库承担中下游防洪双重防洪任务的水库,当所在河流发生较大洪水时,结合所在河流防洪任务,实施防洪调度;当所在河流来水量不大且预报短期内不会发生大洪水时,也需减少水库下泄流量,配合其他水库降低长江干流洪峰流量,减少三峡水库入库洪量。

水布垭、隔河岩等清江梯级水库在满足本流域防洪要求的前提下,与三峡水库实施联合防洪调度,减轻长江干流荆江河段防洪压力。

汉江丹江口水库等在满足本流域防洪要求的前提下,必要时配合长江上中游水库联合调度，控制水库下泄，减轻长江干流武汉河段的防洪压力。

洞庭湖水系水库防洪调度在满足本流域防洪要求的前提下，与干流防洪调度相协调。当三峡水库对长江中下游防洪调度时，若洞庭湖水系来水较大，按所在河流防洪任务拦蓄洪水；若洞庭湖水系来水不大且预报短时期内不会发生大洪水，水库群相机配合调度，减少入湖洪量。在本河流洪峰过后，水库泄水腾库时，应在确保水库上下游安全的前提下，考虑城陵矶附近地区的防洪要求，适当控制泄水过程。

鄱阳湖水系水库防洪调度在满足本流域防洪要求的前提下，与干流防洪调度相协调。当三峡水库对长江中下游防洪调度时，若鄱阳湖水系来水不大且预报不会发生大洪水，水库群相机配合调度，减少入湖洪量。

（3）蓄滞洪区

长江中下游的荆江地区、城陵矶附近区、武汉附近区、湖口附近区、滁河等地区共安排了46处蓄滞洪区。其中，荆江地区4个蓄滞洪区，包括荆江分洪区、涴市扩大区、虎西备蓄区和人民大垸，总有效蓄洪容积为72.27亿 m³；城陵矶附近27个蓄滞洪区，包括洞庭湖区24处蓄滞洪区和洪湖3处蓄滞洪区，总有效蓄洪容积338.23亿 m³。各蓄滞洪区基本情况如表4-2所示。

表4-2　　　　　　　蓄滞洪区分类及有效蓄洪容积基本情况

序号	地区	名称	现状分类	蓄洪水位/m	面积/km²	有效蓄洪容积/亿 m³	
						扣除安全区前	扣除安全区后
1	荆江地区	荆江分洪区	重点	42.00	920.60	54.71	54.09
2		涴市扩大区	保留	43.00	94.37	2.57	2.57
3		虎西备蓄区	保留	42.00	74.45	3.81	3.81
4		人民大垸	保留	38.50	348.85	11.80	11.80
		小计	—	—	1438.27	72.89	72.27
5	城陵矶附近区	钱粮湖垸	重要	34.82	465.18	25.54	23.78
6		共双茶垸	重要	35.37	269.55	16.12	15.04
7		大通湖东垸	重要	35.39	215.18	12.62	11.67
8		澧南垸	重要	44.61	33.58	2.21	2.21
9		围堤湖垸	重要	38.00	33.90	2.22	2.22
10		民主垸	重要	35.25	210.28	12.18	11.96
11		城西垸	重要	35.41	109.86	8.20	7.92
12		西官垸	重要	40.50	74.00	4.89	4.76
13		建设垸	重要	34.61	100.65	3.72	3.54
14		九垸	一般	41.38	47.67	3.82	3.82
15		屈原垸	一般	34.83	207.85	12.89	12.45

续表

序号	地区	名称	现状分类	蓄洪水位/m	面积/km²	有效蓄洪容积/亿 m³	
						扣除安全区前	扣除安全区后
16	城陵矶附近区	建新垸	一般	34.61	45.72	2.25	1.56
17		江南陆城垸	一般	33.50	188.05	10.58	10.48
18		六角山垸	保留	36.00	18.36	0.61	0.61
19		安澧垸	保留	39.90	136.48	9.42	9.42
20		安昌垸	保留	38.85	117.91	7.23	7.23
21		安化垸	保留	38.12	87.32	4.72	4.72
22		南顶垸	保留	37.30	45.94	2.20	2.20
23		和康垸	保留	37.40	96.10	6.16	6.16
24		南汉垸	保留	37.40	97.56	6.15	6.15
25		义合垸	保留	35.41	14.99	0.79	0.79
26		北湖垸	保留	35.41	35.99	1.91	1.91
27		集成安合垸	保留	36.69	130.77	6.26	6.26
28		君山垸	保留	35.00	90.32	4.69	4.69
29		洪湖东分块	重要	32.50	873.70	64.70	59.70
30		洪湖中分块	一般	32.50	1053.09	69.42	67.23
31		洪湖西分块	保留	32.50	858.19	49.75	49.75
	小计		—	—	5658.19	351.25	338.23

(4) 洲滩民垸

1998 年大水后,党中央、国务院对长江中下游干堤之间严重阻碍行洪的洲滩民垸、洞庭湖区及鄱阳湖区部分洲滩民垸进行了平垸行洪、退田还湖建设,共平退圩垸 1400 余处,动迁人口约 240 万人,恢复调蓄容积约 178 亿 m³。经圩垸平退和联圩并圩后,目前长江中下游干流及洞庭湖区、鄱阳湖区仍形成封闭保护圈的洲滩民垸共 806 个,总面积约 7912km²,总人口约 963 万人。其中,长江中下游干流洲滩民垸 271 个,面积约 2778km²,人口约 112 万人;洞庭湖区洲滩民垸 232 个,总面积约 2876km²,总人口约 708 万人;鄱阳湖区洲滩民垸 303 个,总面积约 2258km²,总人口约 143 万人。

(5) 排涝泵站

据统计,长江中下游沿江及两湖涝区总面积 14.09 万 km²。根据《加快灾后水利薄弱环节建设实施方案》,至 2020 年,沿江涝区共有泵站共 2712 座、总设计流量 23022.3m³/s。其中,宜昌至城陵矶(含洞庭湖区)河段已建泵站 1174 座,总设计流量 6632m³/s。长江中下游沿江泵站分河段排涝能力统计情况如表 4-3 所示。

表 4-3　　　　　　　长江中下游沿江泵站分河段排涝能力统计情况

序号	河段	合计		设计流量≥50m³/s 的	
		泵站个数	设计流量/(m³/s)	泵站个数	设计流量/(m³/s)
1	宜昌至城陵矶（含洞庭湖区）河段	1174	6632.0	15	1295.5
2	城陵矶至汉口河段	98	3592.8	18	2212.9
3	汉口至湖口（含鄱阳湖区）河段	610	5664.3	24	2288.4
4	湖口至大通河段	158	1498.1	0	0.0
5	大通至南京河段	235	2370.4	9	876.5
6	南京至徐六泾河段	437	3264.8	9	1222.0
	合计	2712	23022.3	75	7895.3

4.2.2　构建历史堤防险情案例知识库

(1)历史堤防险情基础资料提取

收集梳理历史堤防险情案例资料,对历史堤防险段的堤防条件和地质条件进行分析归纳总结。堤防条件包括:堤防级别、堤顶高程、防洪水位、堤防断面图、反压平台尺寸、防渗结构等;地质条件包括地层分布、岩性分布、地质力学条件、土体物理力学指标、地基处理措施等。

剖析历史堤防险情案例,对历史堤防险情发生河段,以及堤防面临的水情、工情、险情,启用的工程措施、抢险方式、相应的工程效果,以及抢险过程中考虑的其他要素如交通要素、人力物力成本要素的发生时间、影响空间、要素涉及的量与影响程度等进行提取,形成案例基本知识点。

(2)基于数值模拟分析堤防险情成因

将提取的相关基础资料信息和知识要素点按照框架体系进行串联,并根据历史险情处堤防工程断面构造尺寸等设计参数,以及对应地层地质参数,构建数值计算模型,进一步开展抗滑稳定及渗流稳定分析运算,定性分析遇险原因,建立堤防险情成因数据库。

(3)建立高效的运行维护预警机制

增加险情附近控制点断面计算,针对堤防历史险情局部堤段提出其抗滑稳定安全临界预警水位及渗流稳定安全临界预警水位,获取符合实际水情、工情的临界预警水位,建立堤防安全系数与外江水位的关系曲线(图 4-4)。如图 4-4 所示,选取了典型历史险情堤段,根据几何尺寸及地质资料重构了堤防模型,外江水位范围设定为堤防设计水位 $Z-0.2$m 至堤防设计水位

$Z+0.2$m,对同一堤防断面开展不同外江水位工况下的数值模拟计算,根据堤防安全系数计算成果,有效地获取符合实际工情的预警水位。如图4-4(d)中所示,当外江水位超出设计洪水位42.93m达到43.21m时,荆江大堤桩号762+460处抗滑稳定安全系数仍能达到1.5,满足规范要求。因此,在实际的堤防险情决策中,堤防临界运行维护预警水位数据库将为堤防管理部门及时、准确地进行决策提供依据,将有力地提升抢险人力、物力的单位成本效率。

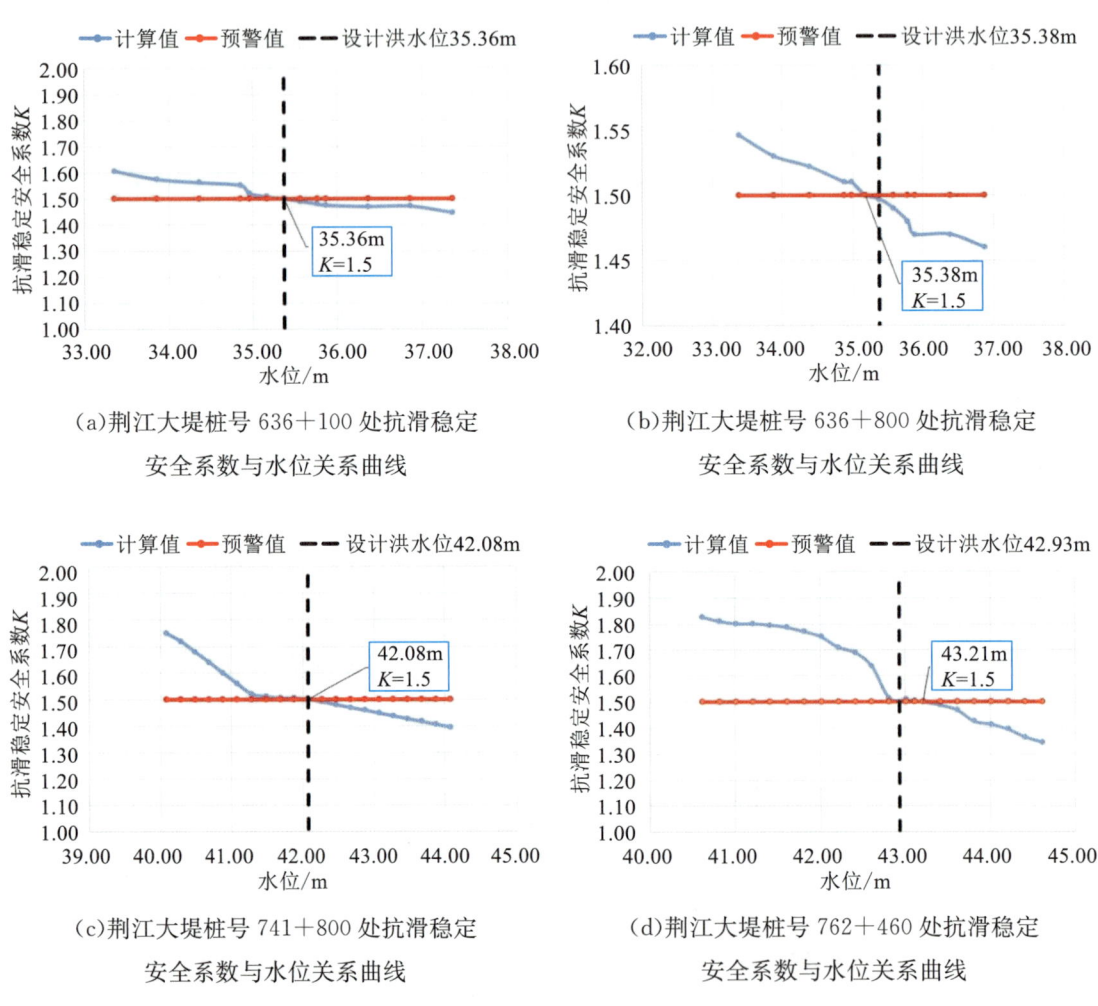

(a)荆江大堤桩号636+100处抗滑稳定
安全系数与水位关系曲线

(b)荆江大堤桩号636+800处抗滑稳定
安全系数与水位关系曲线

(c)荆江大堤桩号741+800处抗滑稳定
安全系数与水位关系曲线

(d)荆江大堤桩号762+460处抗滑稳定
安全系数与水位关系曲线

图4-4 荆江大堤历史险段抗滑稳定安全系数与水位关系曲线

4.3 堤防险情智能探测与动态评估

4.3.1 堤防危险性智能探测与评价

堤防险情运行维护知识库支持多种端口接入,可以实现物理空间与信息空间的动态链接和实时交互,设立了与数据监测相对应的处理模块(图4-5)。如图4-5所示,采用双目立体视觉成像和多光谱成像手段对待探测与评价堤防进行监测,获取实测信息,将实测信息通过深度学习手段进行图像优化;同时针对待探测与评价堤防的填筑材料进行室内试验,得到堤防填筑料的物理力学和变形特性室内实验规律,结合填筑材料的本构关系得到其物理属性规律,将室内试验规律和物理属性规律通过挖掘算法获取先验信息;通过先验信息指导实测信息对待探测和评价堤防进行监测数据反演,获得堤防的真实物理力学和变形特性;进一步构建致灾因子,采用堤防真实物理力学和变形特性对堤防进行危险性评价。

堤防危险性智能探测技术示意图如图 4-6 所示。

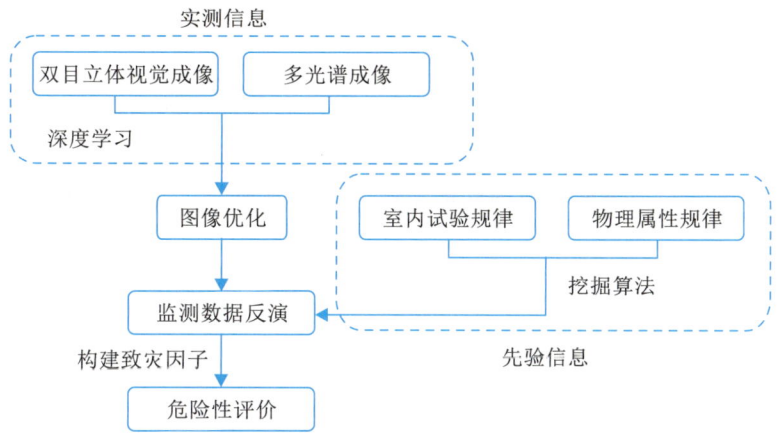

图 4-5　堤防危险性智能探测与评价模块

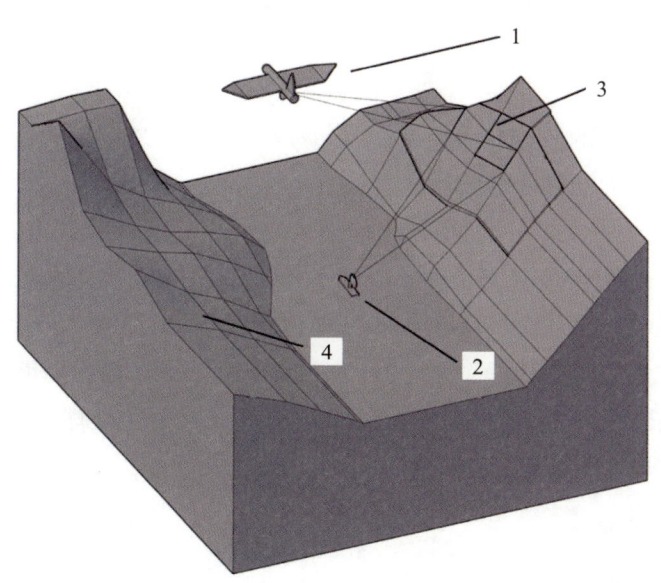

图 4-6　堤防危险性智能探测技术示意图

1—搭载在无人机上的多光谱成像系统;2—搭载在船上的双目立体视觉成像系统;
3—隐患区域;4—待探测与评价的河道堤防或护岸

堤防危险性智能探测模块的技术流程如下：

步骤1：采用搭载在船上的双目立体视觉成像和搭载在无人机上的多光谱成像系统对待探测与评价的河道堤防或护岸进行监测，获取隐患区域的变形、渗流等实测信息。

步骤2：采用卷积神经网络对步骤1中的三维光学影像和红外光谱影像等实测信息进行图像优化与识别。

步骤3：针对待探测与评价堤防的填筑材料开展室内试验，其中室内土体注水试验获得填筑材料的渗透系数，水样分析试验获得堤防段水质腐蚀性参数，土样易溶盐试验获得填筑料腐蚀性参数，土的物理力学性质试验获得填筑材料的天然含水量、湿密度、孔隙比、液限、液性指数、压缩系数、压缩模量、黏聚力和内摩擦角。

步骤4：获取填筑材料的物理属性规律，结合待探测与评价的河道堤防或护岸填筑材料的分类和性状，选取三参数预估模型作为堤防填筑材料的本构关系。

步骤5：对待探测与评价的河道堤防或护岸进行监测数据反演，构建目标函数形式如下：

$$f(\beta, \theta_0, n) = \sqrt{\frac{1}{n} \sum_{j=1}^{n} \chi_i^2} \qquad (4-1)$$

$$\chi_i = \max_{1 \leqslant j \leqslant m} \left| \frac{(T_i^j - T_i^{j*})}{T_i^{j*}} \right| \qquad (4-2)$$

式中：β——影响堤防填筑材料力学特性的物理属性参数；

θ_0——影响堤防填筑材料变形特性的物理属性参数；

n——监测测点的个数；

χ_i——比例系数；

m——测点所选取的监测时间节点个数；

T_i^{j*}——相应的力学或变形监测的实测值；

T_i^j——第i个测点在第j个时间点的力学或变形的计算机仿真值。

将不同的β和θ_0不断地代入步骤4中的本构关系进行计算机仿真，获得一系列T_i^j计算机仿真值，当f取得最小值时，该组β和θ_0即为反演结果。

步骤6：构建致灾因子进行危险性评价，为了确保所有指标数据能够进行叠加或其他代数运算，在致灾因子数据进行分析之前，首先将数据进行归一化处理，采用min-max标准化处理：

$$x^* = \frac{x - \min}{\max - \min} \qquad (4-3)$$

式中：x^*——样本标准化后的值；

x——样本数据；

$\max$——样本数据的最大值；

$\min$——样本数据的最小值。

之后采用相关系数法建立模糊相似矩阵确定相似系数。

$$r_{ij} = \frac{\left|\sum_{k=1}^{m} x_{ij} x_{jk}\right|}{\sqrt{\sum_{k=1}^{m}(x_{ik}-\bar{x}_i)^2 \sum_{k=1}^{m}(x_{jk}-\bar{x}_j)^2}} \tag{4-4}$$

式中：r_{ij}——样本数据 x_i 与 x_j 的相似程度，称之为相似系数；

x_{ij}——第 i 个样本的第 j 项数据指标，所有不同类型的样本各项数据构成论域 $X = \{x_1, x_2, \cdots, x_n\}$，$x_i = \{x_{i1}, x_{i2}, \cdots, x_{in}\}$ $(i = 1, 2, \cdots, n)$，即数据矩阵 $\mathbf{A} = (x_{ij})_{(n \times m)}$；

x_{ik} 和 x_{jk}——第 i 个样本和第 j 个样本的第 k 项数据指标；

$\bar{x}_i$ 和 $\bar{x}_j$——数据矩阵中 i 行和 j 列的均值。

取不同的 r_{ij} 值将指标数据进行分类，形成动态聚类图，根据动态聚类图结合先验信息，将监测数据分为危险性评价指标、暴露性评价指标和韧性评价指标作为致灾因子，按照相应权重进行叠加，生成河段危险性分布图，采用不同的风险等级区间进行分类，分为低风险、次低风险、中风险、中高风险和高风险区域。

4.3.2 堤防险情动态评估

堤防险情运行维护知识库支持对多源异构的堤防基础信息开展数据融合，并将堤防各项指标数据标准化（图 4-7）。

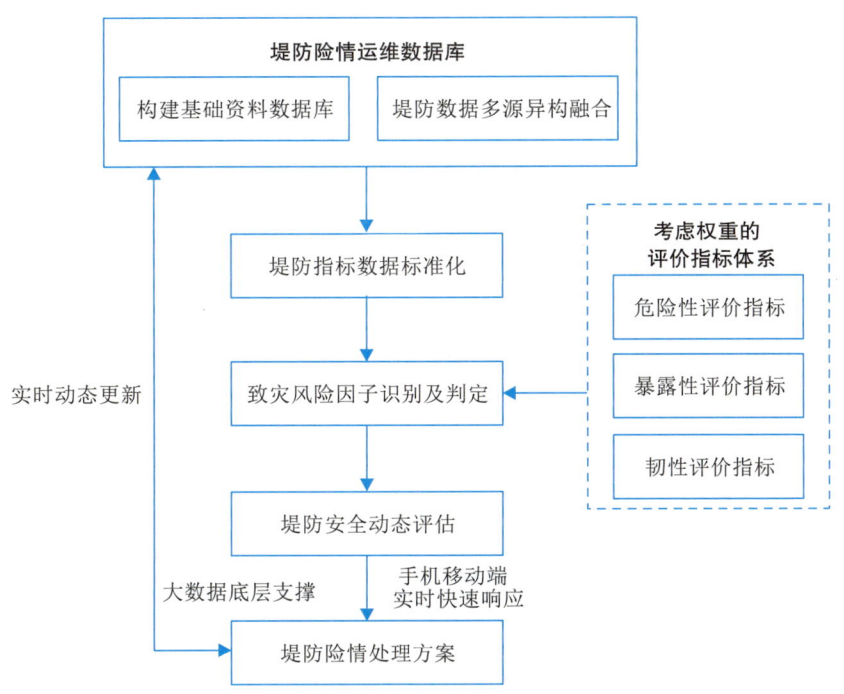

图 4-7 堤防险情动态评估方法

如图 4-7 所示,根据标准化的堤防险情运行维护数据库,构建堤防致灾风险因子,通过考虑权重的评价指标体系对不同堤段的致灾风险进行评估;采用构建的评价指标体系对观测或识别的堤防险情段开展安全风险动态评估,根据出险堤段不同的风险等级启动不同的险情响应处理机制;构建基于堤防险情运行维护数据库的险情风险可视化系统,并建立手机移动端传输端口,获取堤防历史险情处理方案。

结合实时数据以及历史经验,根据险情实际发生状况,实时更新堤防险情运行维护知识库。在对任意一处堤防险情处置完毕之后,即可通过移动端或者 PC 端上传出事地点、险情描述、工程方案等信息至堤防险情数据库,对堤防险情数据库进行补充、更新与完善。按照此步骤,重复对新出现的堤防险情及处置方案进行数据提取与重组,不断丰富堤防险情运行维护知识库,实现堤防险情运行维护知识库的动态更新,提高数据的准确性和数据传输的及时有效性,为更好地进行数据分析和预测提供科学的数据依据。

堤防险情动态评估方法包含以下步骤。

步骤 1:在堤防险情及运行维护知识库的基础上,对多源异构的堤防基础信息开展数据融合,并将堤防各项指标数据标准化,采用 min-max 标准化处理,见式(4-3)。

通过 SQL、云数据库等技术手段将同源异构的基础数据信息导入系统平台,通过 Java 开发工具包对系统体系架构进行设计,以便于系统数据库访问、查询、管理数据信息,最终实现堤防基础资料信息数据的访问驱动。

步骤 2:考虑到步骤 1 中的各个指标之间不一定完全相互独立,各指标之间可能具有一定的相关关系。采用聚类分析将研究因素分为相对同质的群组,便于进一步统计分析。对步骤 1 中标准化后的指标数据采用相关系数法建立模糊相似矩阵确定相似系数,见式(4-4)。

对于不同的置信水平 $\lambda \in [0,1]$,可以得到不同的分类结果,从而形成动态聚类图,具体步骤如下:

①取 $\lambda_1 = 1$(最大值),对于每个 x_i 作相似类:$[x_i]_R = \{x_j | r_{ij} = 1\}$,即满足 $r_{ij} = 1$ 的 x_i 和 x_j 视为一类,构成相似类;

②取 λ_2($\lambda_2 < \lambda_1$)为次大值,从 R 中直接找出相似程度为 λ_2 的元素对(x_i, x_j),即满足 $r_{ij} = \lambda_2$,并相应地将对应的 $\lambda_1 = 1$ 的等价分类中 x_i 和 x_j 所在的类合并为一类,即可得到 λ_2 水平上的等价分类;

③依次取 $\lambda_1 > \lambda_2 > \lambda_3 \cdots$,按照第②步的方法依次类推,直到 X 合并成为一类位置,最后即可得到动态聚类图。

取不同的 r_{ij} 值将指标数据进行分类,形成动态聚类图,根据动态聚类图将构建堤防致灾风险的因子分为危险性评价指标(F_1)、暴露性评价指标(F_2)和韧性评价指标(F_3)。

构建目标函数如下:

$$F_j = \frac{\sum_{i=1}^{n} c_i X_i}{n \sum_{i=1}^{n} c_i}, j=1,2,3 \tag{4-5}$$

式中：X_i——各项典型致灾因子的无量纲标准化成果，$0 \leqslant X_i \leqslant 1.0$；

c_i——致灾因子对应的权重指数；

n——各项典型致灾因子的数量，当 $j=1$ 时，$n=10$；$j=2$ 时，$n=3$；$j=3$ 时，$n=4$。

根据上述的动态聚类图，危险性评价指标（F_1）中各项致灾因子对应的权重指数分布为：洪水持续时间（$c_1=0.1$）、日涨幅（$c_2=0.1$）、区域降雨强度（$c_3=0.1$）、降雨历时（$c_4=0.1$）、历史险情（$c_5=0.1$）、堤防等级（$c_6=0.1$）、堤基结构（$c_7=0.1$）、外滩宽度（$c_8=0.1$）、防渗措施（$c_9=0.1$）、地质条件（$c_{10}=0.1$）。

暴露性评价指标（F_2）中各项致灾因子对应的权重指数分布为堤防险段背后保护区内的人口密度（$c_1=0.4$）、经济资产密度（$c_2=0.4$）和道路交通网络密度（$c_3=0.2$）。

韧性评价指标（F_3）中各项致灾因子对应的权重指数分布为堤防险段设置的流域内泵站（$c_1=0.25$）、河流港道（$c_2=0.25$）、防洪排涝设施（$c_3=0.25$）、分蓄洪设施（$c_4=0.25$）。

步骤3：通过考虑权重的评价指标体系对不同堤段的致灾风险进行评估，将评价指标 F_j 按照不同权重进行加权评价，构建目标函数形式如下：

$$R = \frac{\sum_{j=1}^{3} w_j F_j}{3 \sum_{j=1}^{3} w_j} \tag{4-5}$$

式中：w_j——不同评价指标 F_j 对应的权重指数；

R——区域风险判定指数。

参考相关工程经验及历史险情资料，对不同致灾因子的指标进行权重赋值 $w_1=0.3$、$w_2=0.4$、$w_3=0.3$。对河段采用不同风险等级进行分类，分为低风险（$0 \leqslant R < 0.3$）、次低风险（$0.3 \leqslant R < 0.6$）、中风险（$0.6 \leqslant R < 0.7$）、中高风险（$0.7 \leqslant R < 0.8$）和高风险（$R \geqslant 0.9$）区域。

步骤4：采用步骤2中构建的评价指标体系对新出现的堤防险情段开展安全风险动态评估，根据不同的风险等级启动一级（高风险）、二级（中风险、中高风险）、三级（低风险、次低风险）的险情响应处理机制。

步骤5：在出险堤段一线现场，巡堤人员登录移动端的平台系统，实时定位，快速获取出险堤段堤防等级，堤防附近水文站、闸站、蓄滞洪区等信息，获取附近历史工情险情及相关处理方案，快速获取新堤防险情的处理方案。

步骤6：将新出现的堤防险情位置、相关情况概述及处理方案导入堤防险情运行维护知识库，伴随堤防险情动态评估方法的运用，险情运行维护知识库将持续不断地更新完善，实现数据库信息的动态更新。当所述动态更新包括识别或发现堤防新险情时，将险情位置、相关描述及处理方案同步导入堤防险情运行维护知识库,伴随堤防险情动态评估方法的运用,险情运行维护知识库将持续不断地更新完善,实现数据库信息的实时动态更新。

4.4 《堤防防汛抢险技术手册》

《堤防防汛抢险技术手册》的编制依据包括《中华人民共和国水法》《中华人民共和国防洪法》《中华人民共和国防汛条例》《中华人民共和国河道管理条例》等国家法律法规,《湖北省实施〈中华人民共和国防洪法〉办法》《湖北省实施〈中华人民共和国防汛条例〉细则》《湖北省防汛抗旱应急预案》等地方政府规章,《堤防工程设计规范》(GB 50286—2013)、《堤防工程施工规范》(SL 260—2014)、《堤防工程养护修理规程》(SL 595—2013)等有关标准规范等。

《堤防防汛抢险技术手册》的编制内容包括堤防防汛抢险前期工作、堤防常见险情判别抢护、抢险工程善后处理、堤防抢险实例、附录等。同时,《堤防防汛抢险技术手册》融入了堤防危险性智能探测技术与装备研发、堤防水下巡检机器人研发、堤防险情及运行维护管理知识库研究,以及堤防渗漏应急封堵新材料、新工艺研究等相关成果。

(1)防汛抢险前期工作

防汛抢险前期工作包括舆论宣传工作、抢险组织准备、抢险技术准备、抢险物资准备、通信联络准备和防汛交通管制。

1)舆论宣传工作

舆论宣传工作包括利用媒体宣传防汛抗灾重要意识,克服麻痹大意和侥幸心理,同时加强法治宣传,防止和抵制一切有碍防汛抢险行为的发生,有效引导社会舆论、形成抗洪合力。

2)抢险组织准备

抢险组织准备包括健全防汛抢险机构(水利、应急、气象、交通、物资、邮电通信)、组织防汛抢险队伍(专业抢险队伍、群众抢险队伍、解放军武警部队)、举办抢险技术培训(专业抢险队伍、群众抢险队伍、防汛指挥人员)。

3)抢险技术准备

抢险技术准备包括堤防险情调查与技术资料搜集;堤防汛期巡查,明确堤防检查内容、检查频次、检查方法。

4)抢险物资准备

抢险物资准备包括采用国家、社会团体储备与群众筹集相结合的办法,所需准备的主要物资及养护要求。

5)通信联络准备

通信联络准备包括汛前检查防汛通信设施,提出防汛过程中应该上报信息的报送流程和共享机制,并明确信息报送和共享的范围、对象、时效性要求。

6）防汛交通管制

防汛交通管制即根据《中华人民共和国防洪法》实施陆地和水面交通管制。

（2）堤防常见险情判别抢护

堤防常见险情判别抢护包括漏洞、管涌、渗水、穿堤建筑物接触冲刷、漫溢、风浪、滑坡、崩岸、裂缝、跌窝、堤防决口等堤防险情的出险原因、险情特征、抢护原则和抢护方法。

1）漏洞

漏洞险情抢护原则为"前截后导，临重于背"。抢护方法主要包括塞堵法、盖堵法（复合土工膜排体或篷布盖堵、就地取材盖堵）、戗堤法（抛填黏土前戗、临水筑月堤）等。

2）管涌

管涌险情抢护原则为"制止涌水带沙，而留有渗水出路"。抢护方法主要包括反滤围井（砂石反滤围井、土工织物反滤围井、梢料反滤围井）、反滤层压盖（沙石反滤压盖、梢料反滤压盖、蓄水反压）等。

3）渗水

渗水险情抢护原则为"前堵后排"。抢护方法主要包括临水截渗（复合土工膜截渗、抛黏土截渗）、背水坡反滤沟导渗、背水坡贴坡反滤导渗、透水压渗平台等。

4）穿堤建筑物接触冲刷

穿堤建筑物接触冲刷险情抢护原则为在建筑物临水面进行截堵，背水面进行反滤导水。抢护方法主要包括临水堵截（抛填黏土截渗、临水围堰）、堤背水侧导渗（反滤围井、围堰蓄水反压）、筑堤。

5）漫溢

漫溢险情抢护方法为在堤顶临水侧部位抢筑子埝，主要包括黏性土埝、袋装土埝、桩柳（桩板）土埝、柳石（土）枕埝以及防浪墙子埝等。

6）风浪

风浪险情抢护方法主要包括河段封航、堤坡防护（土袋或石袋防护、土工织物防护、柳箔防护、柴草或桩柳防护）、消浪防护（柳枝消浪、枕排消浪）等。

7）滑坡

滑坡险情抢护分临水面和背水面。临水面滑坡的抢护原则为"上部削坡，下部固坡，先固脚，后削坡"，抢护方法为土石戗台、石撑、堤脚压重、背水坡贴坡补强；背水面滑坡的抢护原则为"上部削坡，下部堆土压重"，抢护方法为削坡减载、及时封堵裂隙、做滤（透）水反压平台、做滤（透）水土撑、滤水还坡（导渗沟滤水还坡、反滤层滤水还坡、梢料滤水还坡、沙土还坡等）。

8）崩岸

崩岸险情抢护方法主要包括护脚固基抗冲（抛石块、抛石笼、抛土袋、抛柳石枕）、缓流挑流防冲（抢修短丁坝、沉柳缓流防冲），以及减载加帮等其他措施。

9)裂缝

裂缝险情抢护原则根据裂缝类型判断,如果是滑动或坍塌崩岸性裂缝,应先按处理滑坡或崩岸的方法进行抢护。待滑坡或崩岸验定后再处理裂缝,否则达不到预期效果。纵向裂缝如果仅是表面裂缝,可暂不处理。抢护方法主要包括开挖回填、横墙隔断以及封堵缝口等。

10)跌窝

跌窝险情抢护原则为"抓紧翻筑抢护,防止险情扩大"。抢护方法主要包括:翻填夯实、填塞封堵以及填筑反滤料。

11)堤防决口

堤防决口抢险的实施主要包括抢筑裹头、沉船截流、进占堵口以及防渗闭气等步骤。

(3)抢险工程善后处理

抢险工程善后处理包括对漏洞、管涌、渗水、漫溢、风浪、滑坡、崩岸、裂缝、跌窝、堤防决口等堤防险情抢护的善后处理。

1)漏洞抢险善后处理

汛后应将棉被、稻草、麦秆等其他临时物料清除并按设计要求重新封堵漏洞。

2)管涌抢险善后处理

对稻草、麦秆等临时反滤排水材料,汛后必须按反滤要求重新处理。对回填反滤料则应探明原因,复核后分别对待。

3)渗水抢险善后处理

对符合反滤要求的导渗沟可以保留,但要做好表层保护;不符合设计要求的,汛后要清除沟内的杂物及填料,按设计要求重新铺设。

4)漫溢抢险善后处理

若子埝用料是防渗性能好的土料,则可用于堤防的加高培厚;若是透水料,则可放在背水坡用作压浸台或留作堆放防汛材料。其他杂物如树木、杂草、编织袋等,均应清除在堤外。

5)风浪抢险善后处理

凡不符合选定方案的各种临时措施,均应拆除、清理,尤其是打入堤身的竹桩、木桩以及其他易腐物质,要认真彻底清除。

6)滑坡抢险善后处理

对基本满足要求的抢险工程,适当修整加固后可直接变为永久加固工程。对临水侧滑坡,如由堤身引起,则在堤身加固中一并处理;如由崩岸引起,则应在崩岸处理中一并考虑。

7)崩岸抢险善后处理

如果在固岸抢险时使用了木料、竹笼、芦苇枕、梢枕等临时代用料,则应进行清除并重新按设计固岸,对不满足设计要求的其他情况也应按新的处理方案组织施工。在崩岸抢险的紧急情况下,若采用抛石固基措施,在善后处理时,需考虑滤层设置。

8)裂缝抢险善后处理

经过论证确认裂缝已经稳定和愈合、不需要重新处理的,须经上级主管部门批准。对属于滑坡引起的裂缝,按滑坡除险加固的方法进行处理;属于基础不均匀沉陷引起的裂缝,按地基加固的方法进行处理;其他原因引起的裂缝,如为纵向表面裂缝,可暂不处理,但应注意观察其变化和发展,并应堵塞缝口,以免雨水进入。

9)跌窝抢险善后处理

按照跌窝产生的原因,采用相应的加固补强措施。汛期采用的各种应急措施,凡不满足设计要求的,应予清理、拆除,按新的设计方案处理。

10)复堤

汛后必须对封堵工程进行彻底清查,弄清截流坝的结构、所用物料以及破坏情况,勘探堵口河段地质情况和地形的变化,分析截流坝与河势及原有堤防间的关系,然后制订复堤计划,作出复堤设计。

(4)堤防抢险实例

针对堤防常见险情,选取洪湖长江干堤周家嘴堤段漏洞抢险、监利荆江大堤杨家湾堤段管涌抢险、武汉长江干堤丹水池堤段渗水抢险等湖北省内防汛抢险实例,介绍出险情况、抢护过程及抢护效果。

(5)附录

附录主要包括:堤防工程级别,堤防工程安全加高值,防汛特征水位(含湖北省主要河湖控制站防汛特征水位表),暴雨预警级别划分,防汛应急响应,堤防工程检查记录表,《中华人民共和国防洪法》《中华人民共和国防汛条例》《湖北省实施〈中华人民共和国防洪法〉办法》等法律法规有关条款。

4.5 应用案例

本次研究的堤防险情及运行维护管理知识库(图 4-8)在长江流域防洪规划修编现场查勘、洞庭湖四口水系综合整治工程现场查勘中发挥了重要作用。如图 4-8 所示,在手机端移动平台,查勘及巡堤人员可实时定位,显示所在地的堤防等级、长度等基础信息,并可交互获取长江流域堤防、排涝泵站等水工程数据。数据库还可同时获取湖北省内长江干堤堤防历史出险段险情地点、工程险情事故情况描述及处理方案等信息,在各项现场查勘工作中显著提升工作效率。

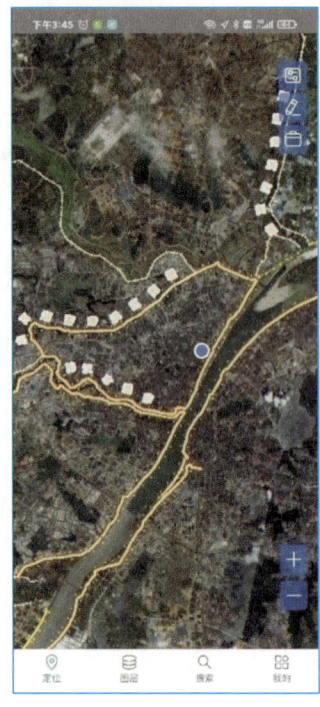  

（a）堤防分布　　　　　　　（b）堤防基本信息　　　　　（c）堤防、水库、蓄滞洪区等模块

 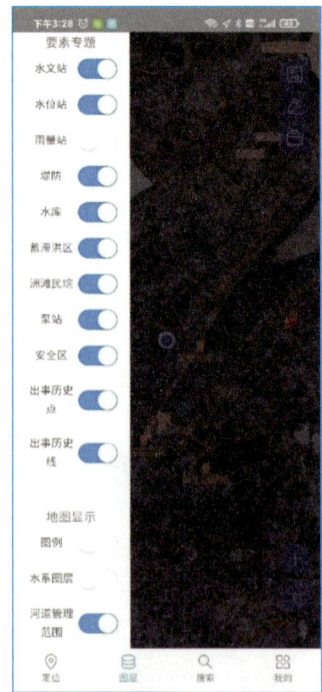 

（d）湖北省境内堤防历史险情　（e）堤防、水库、蓄滞洪区交互界面　（f）堤防险情描述及处置方案

图 4-8　堤防险情及运行维护知识库应用

4.6　本章小结

本章介绍了堤防险情及运行维护管理知识库的研究背景、技术路线,描述了主要的研究内容,包括数据库平台搭建及堤防险情智能探测与动态评估技术,主要完成了以下工作。

通过将湖北省内长江流域防洪工程体系中堤防、水库、泵站等基础数据进行信息化处理,搭建了数据库可视化平台。收集梳理历史堤防险情基础资料,对历史堤防险情发生河段,面临的水情、工情、险情、启用的工程措施等进行提取,形成了案例基本知识点。剖析历史堤防险情案例,定性分析遇险原因,建立了堤防险情成因数据库。基于数值模拟手段,针对堤防历史险情局部堤段提出其抗滑稳定安全临界预警水位及渗流稳定安全临界预警水位,获取符合实际水情、工情的临界预警水位,建立了高效的运行维护预警机制。

堤防险情运行维护知识库设立了与数据监测相对应的处理模块,可以实现物理空间与信息空间的动态链接和实时交互。堤防危险性智能探测技术通过先验信息指导实测信息对待探测和评价堤防进行监测数据反演,获得堤防的真实物理力学和变形特性,达成了堤防出险事故解决方案的快速响应,实现了堤防险情识别、处理及资源调配的全过程快速动态处理。构建堤防致灾风险因子,通过考虑权重的评价指标体系对不同堤段的致灾风险进行评估;采用构建的评价指标体系对观测或识别的堤防险情段开展安全风险动态评估,根据出险堤段不同风险等级启动不同的险情响应处理机制。

构建基于堤防险情运行维护数据库的险情风险可视化系统,并建立手机移动端传输端口,获取堤防历史险情处理方案;出险堤段及处理方案同步输入堤防险情运行维护知识库保持实时动态更新,提高了数据的准确性和数据传输的及时有效性,为更好地进行数据分析和预测提供了科学的数据依据。

编制了《堤防防汛抢险技术手册》,介绍了堤防防汛抢险前期工作、堤防常见险情判别和抢护、抢险工程善后处理、堤防抢险实例,可有效指导堤防防汛抢险工作。

第 5 章　堤防渗漏应急封堵新材料和新工艺研究

5.1　堤防渗漏险情现象模拟研究

5.1.1　试验装置

试验场地长 1.2m,宽 0.6m,高 0.6m。根据实地查勘,堤防渗漏现象发生的区域主要集中在堤身、地基的薄弱层或堤防与地基的交界处,考虑本次试验需尽可能还原真实堤防渗漏险情发生的情况,此次试验装置由下层 20cm 厚的透水层和上层 20cm 高的挡水构筑物组成。挡水构筑物按照实际堤防概化而成,底宽 0.8m,顶宽 0.1m,高 0.2m,迎水面坡比 1∶2,背水面坡比 1∶1.5。底层透水层采用不同级配骨料填筑而成,每次试验后进行更换。试验装置立面图如图 5-1 所示。

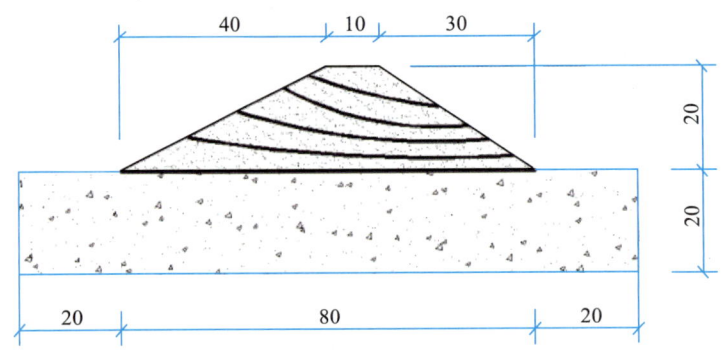

图 5-1　试验装置立面图(单位:cm)

5.1.2　试验材料的选取

(1)挡水构筑物材料的选取

挡水构筑物材料为天然黏土。经过人工筛分、碾碎后形成颗粒状。所选土体颗粒小($d_{50}=0.011$mm),在遇水后黏聚力约为 50kPa,内摩擦角 22°,渗透系数约为 0.005m/d,综合考虑,认为其适合作为挡水构筑物。试验材料级配曲线如图 5-2 所示。

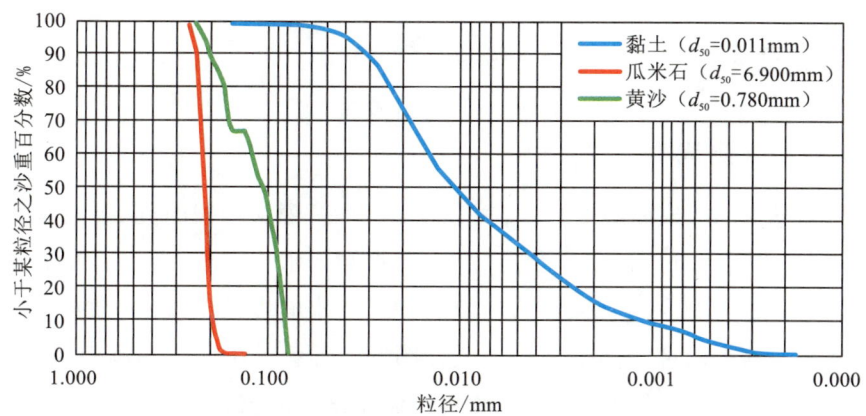

图 5-2 试验材料级配曲线

(2)底层材料的选取

底层材料采用黏土、黄沙、瓜米石 3 种材料按一定配比组合而成。其中,黏土的中值粒径 $d_{50}=0.011$mm,瓜米石的中值粒径 $d_{50}=6.900$mm,黄沙的中值粒径 $d_{50}=0.780$mm。各类材料级配曲线如图 5-2 所示。

本次试验通过改变底层材料的配比来研究不同级配骨料对堤防漏洞现象模拟效果。试验共选取 3 种不同级配骨料,黏土、黄沙、瓜米石 3 种材料质量比分别为 1∶1∶1、1∶1∶1.5 和 1∶1.5∶1(表 5-1),组合后不同试验方案下底层材料级配曲线如图 5-3 所示。

表 5-1　　底层材料对比试验试验组次

方案	黏土质量比	黄沙质量比	瓜米石质量比
一	1	1	1
二	1	1	1.5
三	1	1.5	1

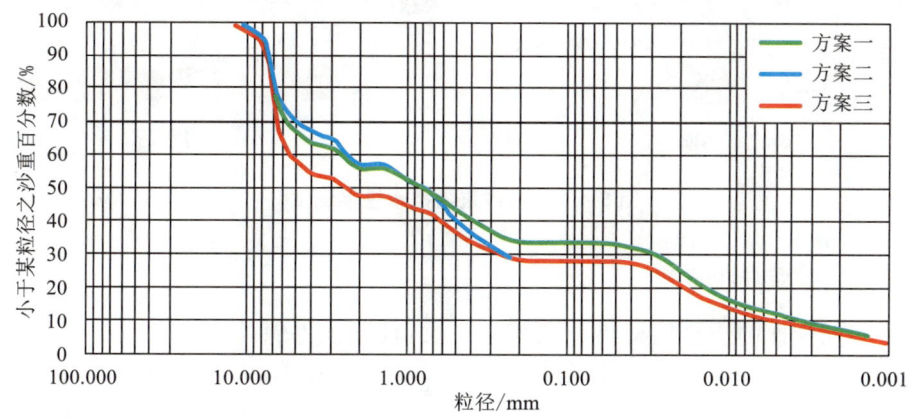

图 5-3　不同试验方案下底层材料级配曲线

5.1.3 试验成果

(1)挡水材料性能试验

将处理后的黏土构筑成堤防形式。在一侧加入水后,静置一段时间,观察构筑物破坏情况。试验表明,注水后 10h 堤防基本保持完整,背水侧无水流渗出;注水后 24h 迎水面堤防出现少量损坏,背水面出现少量渗透水;注水后 48h 迎水面堤防出现大量的损坏,背水面出现大量的渗透水。挡水构筑物挡水性能测试如图 5-4 所示。在堤防漏洞模拟试验中,单次试验的时长一般不超过 2h,因此挡水构筑物可以满足试验需求。

(a)初始情况

(b)注水后 10h

(c)注水后 24h

(d)注水后 48h

图 5-4 挡水构筑物挡水性能测试

(2)透水材料性能试验

将 3 种不同配比的透水性材料分别铺至底层,其余条件保持一致。试验过程中装置左侧保持 20cm 水头不变,观测不同时间点渗透水在底层材料中的平均位置。总体来说,水流在底层土体中渗漏的速度先快后慢。从纵向分布上来看,在开始渗漏时,水流在土体上部的渗漏速度要大于土体下部,当水流在土体渗漏距离达到全部渗漏距离的 1/2 左右时,水流在土体下部的渗漏速度开始逐渐快于水流在土体上部的渗漏速度。

从不同的工况来看,在工况 1 即黏土、黄沙、瓜米石 3 种材料质量比为 1∶1∶1 时,在迎水面注满水后 10min,底层的渗漏距离达到全部渗漏距离的 1/2;注满水后 30min,底层的渗漏距离达到全部渗漏距离;注满水后 60min,堤防背水面开始有水渗出,底层材料形成完整的渗漏通道。工况 1 堤防渗漏形成过程如图 5-5 所示。

在工况 2 即黏土、黄沙、瓜米石 3 种材料质量比为 1∶1∶1.5 时,在迎水面注满水后 8min,底层的渗漏距离达到全部渗漏距离的 1/2;注满水后 30min,底层的渗漏距离达到全部渗漏距离;注满水后 40min,堤防背水面开始有水渗出,底层材料形成完整的渗漏通道。工况 2 堤防渗漏形成过程如图 5-6 所示。

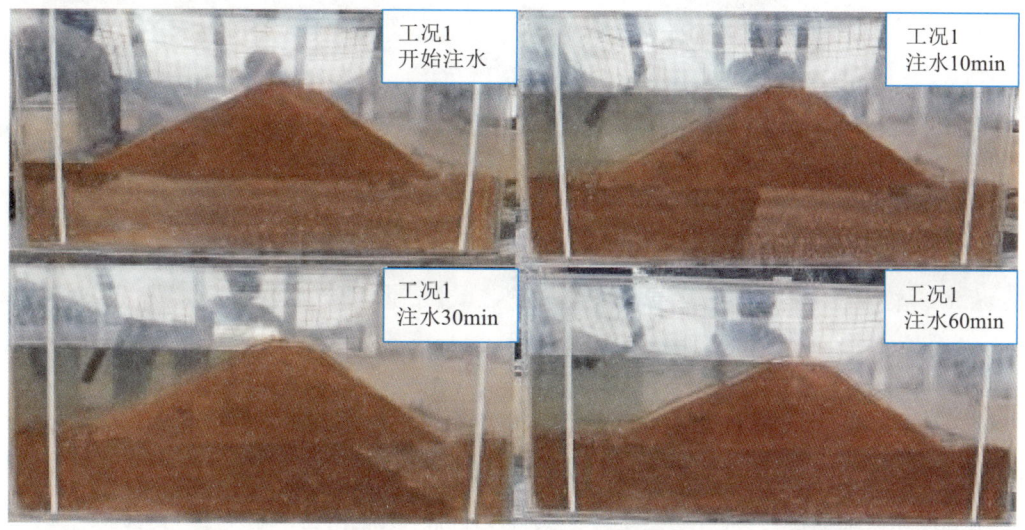

图 5-5　工况 1 堤防渗漏形成过程

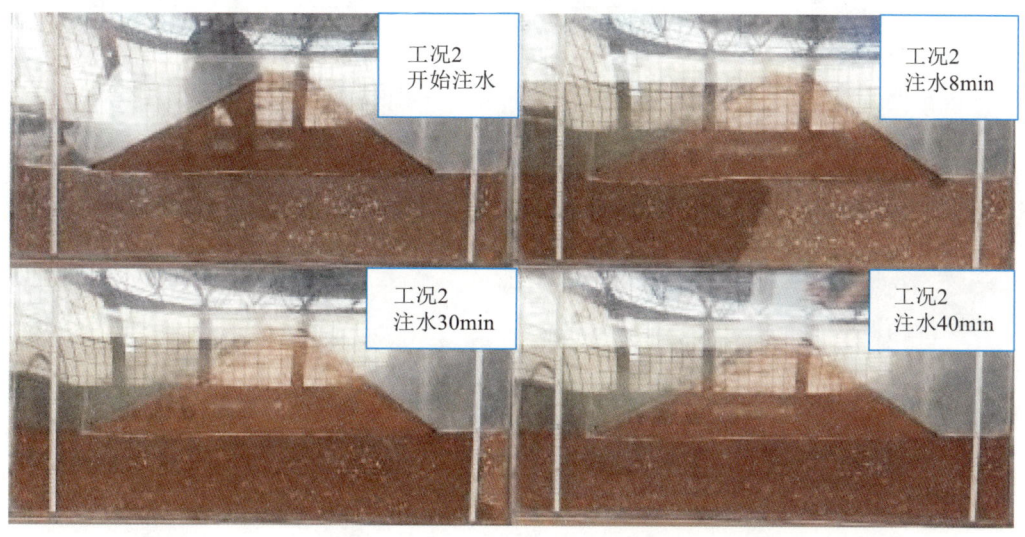

图 5-6　工况 2 堤防渗漏形成过程

在工况3即黏土、黄沙、瓜米石3种材料质量比为1∶1.5∶1时,在迎水面注满水后14min,底层的渗漏距离达到全部渗漏距离的1/2;注满水后45min,底层的渗漏距离达到全部渗漏距离;注满水后80min,堤防背水面开始有水渗出,底层材料形成完整的渗漏通道。工况3堤防渗漏形成过程如图5-7所示。

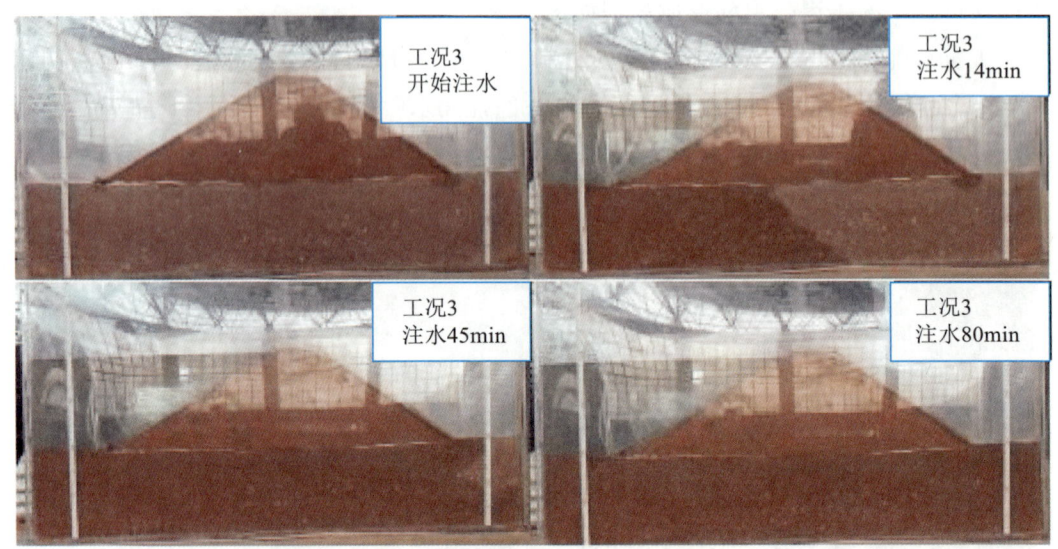

图5-7 工况3堤防渗漏形成过程

不同底层材料平均渗漏距离与时间的关系曲线如图5-8所示。在底层瓜米石材料越多的情况下,土体中孔隙越大,土体越松散,渗漏相同距离的时间越短。反之,底层黄沙材料越多的情况下,土体中孔隙被细颗粒的黄沙填充,土体密实程度增加,渗漏相同距离的时间变长。

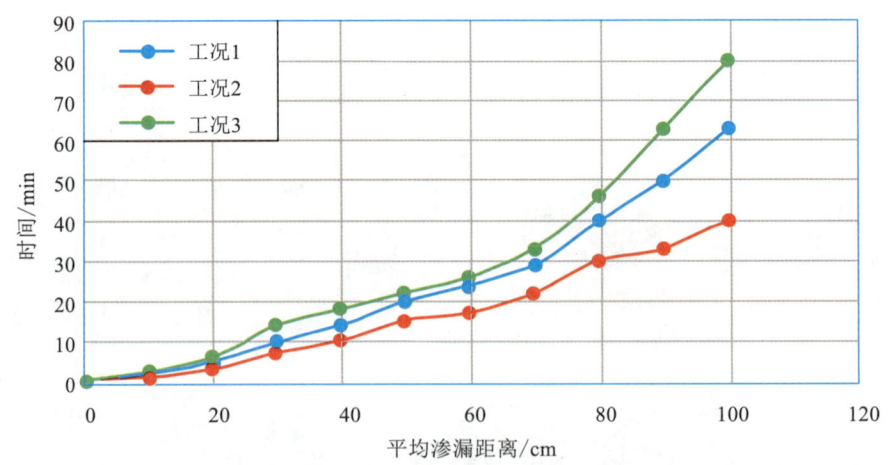

图5-8 不同底层材料平均渗漏距离与时间的关系曲线

5.2 堤防渗漏险情封堵材料

5.2.1 常见堤防封堵材料

根据封堵方式的不同,选取的封堵材料也有所不同。

针对漏洞险情,临水截堵是最有效的抢险方法,所用的封堵材料均为临时救急的物资。塞堵法(图 5-9)主要针对漏洞进水口较小且位置明确、进水口周围土质较好的情况,采用棉絮、棉被、草包或编织袋包等塞填,还可以用预制的软楔、草捆、软罩等堵塞,适用于水浅、流速小,只有一个或少数洞口,人可下水接近洞口的地方。有效控制险情后,还需用黏性土封堵闭气,或用大块土工膜、篷布盖堵,再压土袋或土枕,直到完全断流为止,然后迅速用黏性土修筑前戗加固。

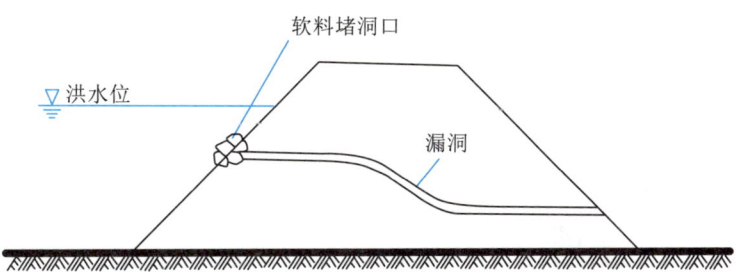

图 5-9 塞堵法

盖堵法(图 5-10)主要针对漏洞进水口位置可大致确定且附近流速较小的情况,可用软帘盖堵(软帘盖堵法)。一般可选用草帘、苇箔、篷布或土工织物布等重叠数层作为软帘,也可临时用柳枝、秸秆、芦苇等编扎软帘。软帘大小根据洞口具体情况和需要盖堵的范围决定。软帘上边固定在堤顶的木桩上,下边坠以块石、土袋等重物,以利于软帘沉贴边坡。除软帘外,还可以采用软体排和木板等覆盖物盖堵。

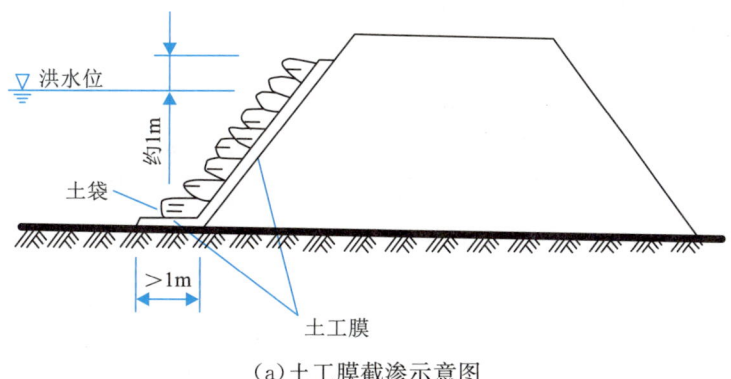

(a)土工膜截渗示意图

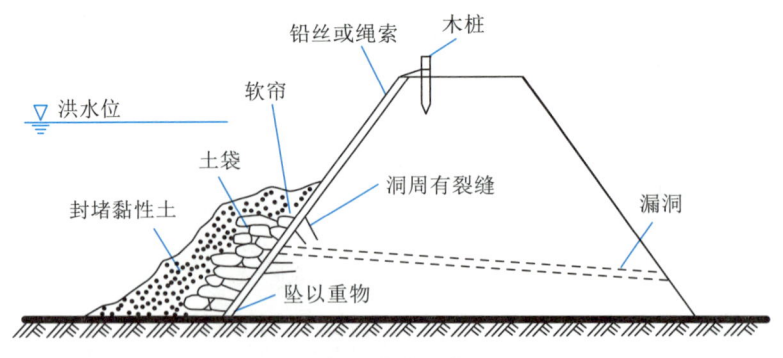

(b) 软帘盖堵示意图

图 5-10　盖堵法

在堤防临水坡漏洞口较多、范围较大或地形复杂,以及漏洞口位置在水下较深或发生在夜间不易找到的情况下,可采用戗堤法(图 5-11),即在临水筑月堤或抛土袋和黏土填筑前戗来进行抢堵。同时,还可以抛土袋和黏土填筑前戗,即在洞口附近区域连续集中抛填黏土,一般形成厚 3～5m、高出水面约 1m 的黏土前戗,封堵整个漏洞区域。

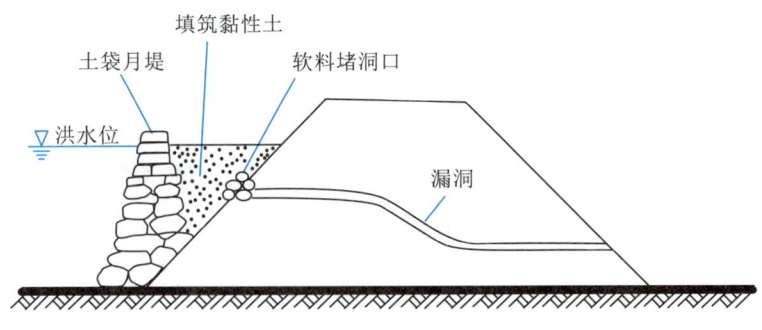

图 5-11　戗堤法

5.2.2　常见堤防封堵材料选取

本研究拟开发非集中渗漏进口的封堵新材料,选取土石沙袋、土工膜、水下不分散混凝土 3 种材料作为初步应急封堵的比选材料。

水下不分散混凝土具有水下不分散、成本低、绿色环保等技术优势。鉴于水下不分散混凝土的技术优势与应用场景,可以在土石堤坝局部区域或与混凝土结构交接的部位,制备满足现场渗漏封堵或维修加固需求的水下不分散水泥浆液。为达到其在水下不分散的效果,一般会添加絮凝剂,包括有机类高分子絮凝剂、无机类絮凝剂以及复配絮凝剂,其中有机类主要分为纤维素类、聚丙烯类、聚糖类三大系列,无机类主要使用膨润土、无机聚合物(铝盐、铁盐)。根据以往的经验,当局部水流流速过大时,浆液流失的水泥颗粒变多,导致水下不分散混凝土封堵效果减弱。同时,该项封堵对现场的制备、实施的工艺有一定的要求,泛用性还有待提升,因此本次试验暂不考虑此项措施。

土工膜作为近些年来常用的隔水材料,具有整体性好、抗腐蚀性强等优点。土工膜可根据实际需求,在工厂定制不同的尺寸,从而满足不同场景的使用需求。但是,由于单一的土工膜在水流流速较大的情况下,很难保证自身的稳定,因此土工膜常需要搭配土石沙袋、块石等其他材料共同使用。

土石沙袋作为水利抢险中常见的抢险材料,取用方便,价格便宜,在各地基本属于常备的防汛物资,因此在应急抢险中调用较为方便。但土石沙袋的填装需要耗费一定的人力,同时填装的材料对使用的效果有一定影响。

综合考虑,本研究选取土石沙袋、土工膜两种封堵材料进行堤防漏洞封堵材料,进行进一步比选。

(1)材料价格

试验采用市面上常用的防汛专用沙袋(图 5-12)和土工膜(图 5-13)作为应急封堵的材料。相关材料价格如表 5-2 所示。

图 5-12　试验采用防汛沙袋

图 5-13　试验采用土工膜

表 5-2　　　　　　　　不同封堵材料价格对比

工况	封堵方法	名称	长×宽/(cm×cm)	价格/元	铺设1m² 价格/元
1	防汛专用沙袋封堵	防汛专用沙袋	50×25	3.8	30.4
2	土工膜封堵	土工膜	400×100	14.8	3.7
3		防汛沙袋压载	50×25	3.8	30.4

(2)试验装置

封堵材料对比试验场地与透水材料性能试验场地相同。试验场地长 1.2m,宽 0.6m,高 0.6m。根据实地查勘,堤防渗漏现象发生的区域主要集中在堤身、地基的薄弱层或堤防与地基的交界处,考虑本次试验需尽可能还原真实堤防渗漏险情发生的情况,此次试验装置由下层 20cm 厚的透水层和上层 20cm 高的挡水构筑物组成。挡水构筑物按照实际堤防概化而成,底宽 0.8m,顶宽 0.1m,高 0.2m,迎水面坡比 1∶2,背水面坡比 1∶1.5。底层透水层采用不同级配骨料填筑而成,每次试验后进行更换。具体布置如图 5-14 所示。

(a)土石沙袋　　　　　　　　　　(b)土工膜

图 5-14　迎水面堤防漏洞封堵材料选取试验布置

(3)试验成果

采用黏土、黄沙、瓜米石 3 种材料(质量比为 1∶1∶1)作为底层透水材料。试验过程中装置左侧保持 20cm 水头不变。迎水侧分别布置土石沙袋和土工膜两种迎水面堵漏材料。观测形成完整通道后,背水面水位增长的速度越慢,封堵效果越好。堤防背水面水位容积曲线如图 5-15 所示。

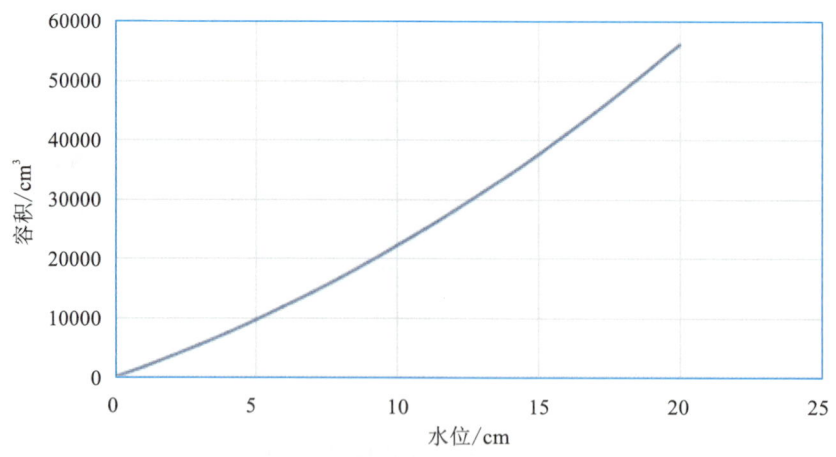

图 5-15　堤防背水面水位容积曲线

1)工况 1

当迎水面未进行封堵时,堤防漏洞流量随时间减小。随着时间的延长,堤防迎水面背水面水头差逐渐减小，渗漏的流量逐渐减小。未封堵时渗漏过程如图 5-16 所示。

(a)未封堵

(b)未封堵 15min

(c)未封堵 30min

(d)未封堵 60min

图 5-16　未封堵时渗漏过程

2）工况 2

当迎水面采用土工膜封堵时，堤防漏洞流量随时间减小，最终基本达到稳定的状态。与未进行封堵的情况相比，漏洞流量有明显减少，采用土工膜进行封堵取得了一定效果。土工膜封堵时渗漏过程如图 5-17 所示。

(a)土工膜开始封堵

(b)土工膜封堵 15min

(c)土工膜封堵 30min

(d)土工膜封堵 60min

图 5-17　土工膜封堵时渗漏过程

3)工况 3

当迎水面采用沙袋封堵时,堤防漏洞流量随时间减小,最终基本达到稳定的状态。在开始封堵时,土石沙袋与堤防漏洞的贴合还不充分,因此虽然部分漏洞的流量减小了,但减小的程度较轻。一段时间后,由于沙袋内部填充物在自身重力的作用下逐渐压实,封堵物与堤防渗漏位置进一步贴合,封堵效果增强。与未进行封堵的情况相比,漏洞流量有明显减小,采用土石沙袋进行封堵取得了一定效果。沙袋封堵时试验过程如图 5-18 所示。

(a)沙袋开始封堵

(b)沙袋封堵 15min

(c)沙袋封堵 30min

(d)沙袋封堵 60min

图 5-18　沙袋封堵时渗漏过程

3 种试验工况下,漏洞流量随时间的变化曲线如图 5-19 所示。对比未进行任何处理的情况,两种类型的封堵材料均对堤防渗漏的封堵有一定的效果。从试验结果来看,土工膜的封堵效果最好,土石沙袋的封堵效果次之。在 0～15min 时,在未封堵时漏洞平均流量为 0.012L/s;土工膜封堵时漏洞平均流量为 0.008L/s,流量减小了 33%;土石沙袋封堵时漏洞平均流量为 0.010L/s,流量减小了 17%。在 15～30min 时,在未封堵时漏洞平均流量为 0.0096L/s;土工膜封堵时漏洞平均流量为 0.0049L/s,流量减小了 49%;土石沙袋封堵时漏洞平均流量为 0.0051L/s,流量减小了 47%。在 30～60min 时,在未封堵时漏洞平均流量为 0.0082L/s;土工膜封堵时漏洞平均流量为 0.0041L/s,流量减小了 50%;土石沙袋封堵时漏洞平均流量为 0.0043L/s,流量减小了 48%。

总体来看,采用土工膜与土石沙袋封堵漏洞,封堵效果基本相当。结合两种材料使用的经济性,当使用土工膜进行封堵时,除土工膜本身外,仍需配置相当数量的土石沙袋进行压载,以保证在封堵过程中土工膜不被水流冲毁。单独使用土石沙袋时,封堵效果较土工膜有所减弱,但材料本身可独立使用,对水流的抗冲性较强。因此本次试验考虑针对土石沙袋作为对象进行改进。

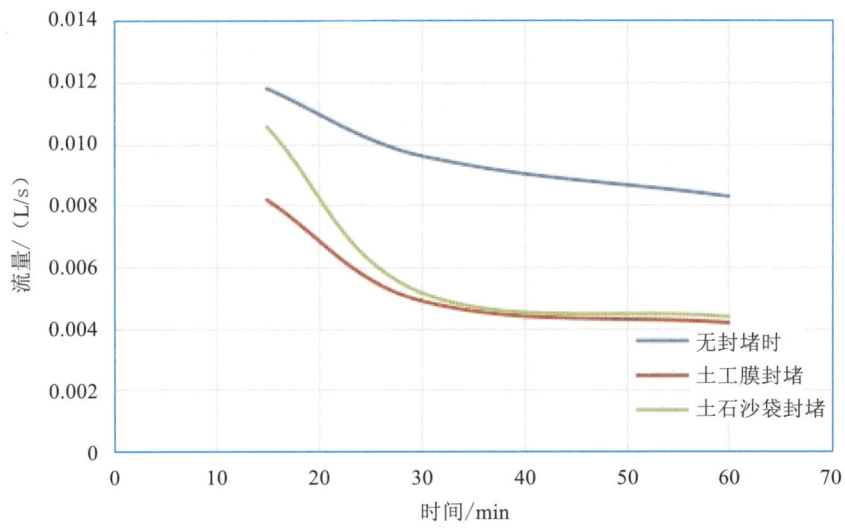

图 5-19　漏洞流量随时间的变化曲线

5.2.3　堤防渗漏险情封堵材料改进

影响土石沙袋封堵效果的因素有很多。首先,土石沙袋本身的材料对渗漏的封堵效果有一定的影响,材料透水性越小、可塑性越强、抗腐蚀性越好,其封堵的效果越好。其次,土石沙袋内部的填充物对堤防渗漏的封堵效果影响较大,不同填充物堆积密度、空隙率均不同,因此封堵的效果也存在差距。最后,土石沙袋的堆叠方式对堤防渗漏封堵也具有一定的影响。本次主要针对土石沙袋填充物进行改进。

(1)试验材料选取

本研究选取土石沙袋作为试验改进对象。对比不同填充物对封堵效果的影响,选取的对比填充材料主要包含黏土、黄沙及黄豆(直径 4~5mm)。材料级配曲线如图 5-20、图 5-21 所示。

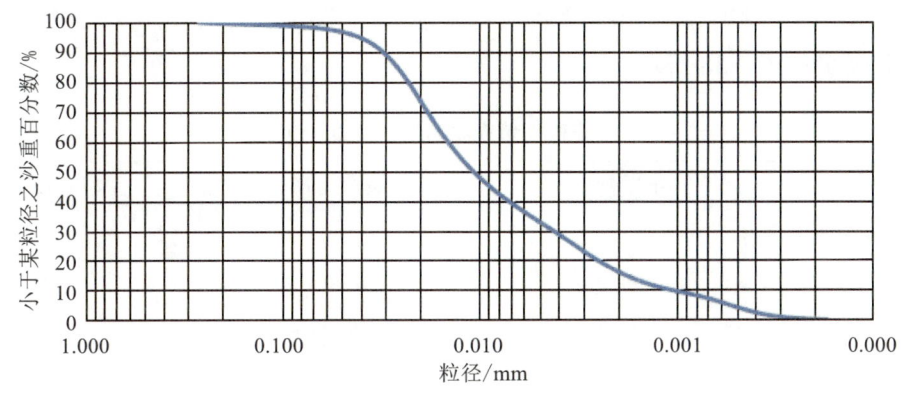

图 5-20　黏土级配曲线

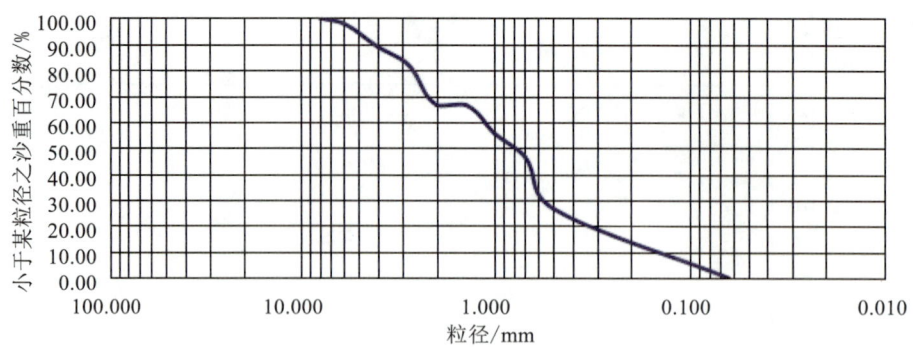

图 5-21 黄沙级配曲线

（2）试验装置

试验场地与透水材料性能试验场地相同。试验场地长 1.2m，宽 0.6m，高 0.6m。根据实地查勘，堤防渗漏现象发生的区域主要集中在堤身、地基的薄弱层或堤防与地基的交界处，考虑本次试验需尽可能还原真实堤防渗漏险情发生的情况，此次试验装置由下层 20cm 厚的透水层和上层 20cm 高的挡水构筑物组成。挡水构筑物按照实际堤防概化而成，底宽 0.8m，顶宽 0.1m，高 0.2m，迎水面坡比 1∶2，背水面坡比 1∶1.5。底层透水层采用不用级配骨料填筑而成，每次试验后进行更换。

（3）试验成果

采用黏土、黄沙、瓜米石 3 种材料（质量比为 1∶1∶1）作为底层透水材料。试验过程中装置左侧保持 20cm 水头不变。迎水侧分别布置装有不同填充物的土石沙袋，其具体配比如表 5-3 所示。观测形成完整通道后，背水面水位的增长速度越小，封堵效果越好。不同填充物的土石沙袋封堵时渗漏过程如图 5-22 所示。

填充物不同时，土石沙袋的封堵效果有所差异。具体来看，在 0~15min，填充物为黄豆时，渗漏平均流量为 0.011L/s；填充物为黄沙时，渗漏平均流量为 0.010L/s；填充物为黏土时，渗漏平均流量为 0.006L/s；填充物为黏土与黄沙的混合物时，渗漏平均流量为 0.007L/s；与未封堵时相比，渗漏平均流量分别减小了 8%、17%、50% 及 42%。漏洞流量随时间变化情况如图 5-23 所示。

表 5-3　　　　　　　　土石沙袋不同填充物封堵效果试验工况

工况	黏土质量比	黄沙质量比	黄豆质量比
1	1	0	0
2	0	1	0
3	0	0	1
4	1	1	0

a) 开始封堵

b) 封堵 15min

c) 封堵 30min

d) 封堵 60min

(a) 工况 1

a) 开始封堵

b) 封堵 15min

c) 封堵 30min

d) 封堵 60min

(b) 工况 2

a) 开始封堵

b) 封堵 15min

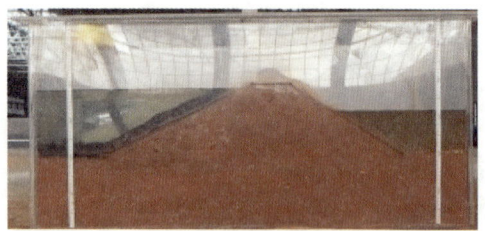

c) 封堵 30min　　　　　　　　　　d) 封堵 60min

(c) 工况 3

a) 开始封堵　　　　　　　　　　b) 封堵时间 15min

c) 封堵时间 30min　　　　　　　　d) 封堵时间 60min

(d) 工况 4

图 5-22　不同填充物的土石沙袋封堵时渗漏过程

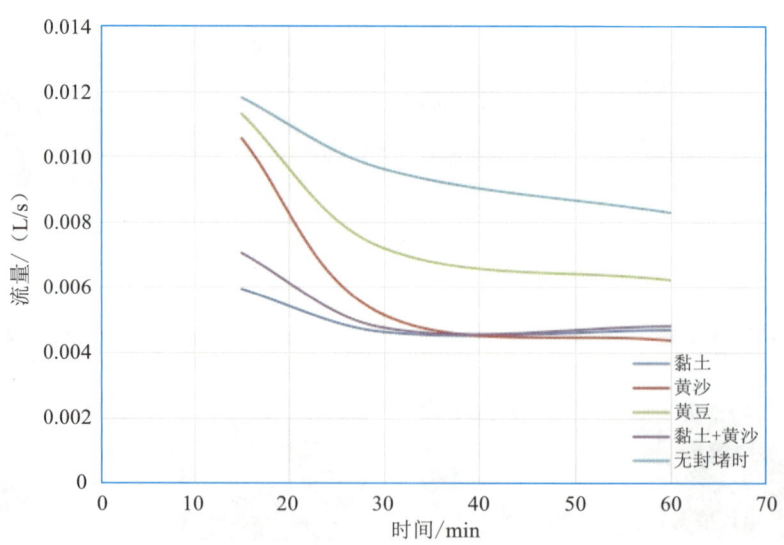

图 5-23　漏洞流量随时间变化情况

在 15~30min,填充物为黄豆时,渗漏平均流量为 0.0072L/s;填充物为黄沙时,渗漏平均流量为 0.0051L/s;填充物为黏土时,渗漏平均流量为 0.0046L/s;填充物为黏土与黄沙的混合物时,渗漏平均流量为 0.0048L/s;与未封堵时相比,渗漏平均流量分别减小了 25%、46%、52%及 50%。

在 30~60min,填充物为黄豆时,渗漏平均流量为 0.0062L/s;填充物为黄沙时,渗漏平均流量为 0.0044L/s;填充物为黏土时,渗漏平均流量为 0.0046L/s;填充物为黏土与黄沙的混合物时,渗漏平均流量为 0.0048L/s;与未封堵时相比,渗漏平均流量分别减小了 25%、47%、43%及 42%。

总体来说,当填充物为黏土时,渗漏迎水面的封堵效果最好;当填充物为黄豆等大颗粒物时,封堵效果最差。从时间序列上来看,封堵刚开始时,堤防内外侧水头差最大,此时以黄豆、黄沙作为填充物的土石沙袋封堵效果不明显,封堵后漏洞的流量并未发生明显的变化;而以黏土作为填充物的土石沙袋封堵效果明显好于其他几种填充材料,封堵后漏洞的流量减小 1/2 左右。随着封堵时间增长,堤防内外侧水头差逐渐减小的同时,不同填充物在水流及自身重力的作用下发生变化,填充物为黄沙的土石沙袋封堵效果逐渐变好。当封堵时间足够长后,黄沙、黏土及两种材料混合作为填充物,封堵效果基本相当。

5.3 堤防背水侧管涌抢险新工艺研究

5.3.1 管涌产生的原因及机理研究

堤防基础一般多为双层结构,上层是黏土或壤土弱透水层,下层为砂层或砾石层,即强透水层。如果堤基没有处理或防渗处理不彻底,留有渗水通道,则当渗透水压力大于地基透水层和表层弱透水层允许压力时,砾石中的细沙颗粒在粗颗粒孔隙中发生移动,上层弱透水黏土或壤土层也被顶穿,沙粒和土粒被带出地面以上,这种现象称为管涌。管涌一般多发生在堤防背水坡坡脚附近的地面上,多呈孔状出水口,冒出细沙或黏土粒。出水口孔径小的如蚁穴,大的可达几十厘米,少则出现一两个,多则出现孔群,冒沙处形成"沙环",所以也称"翻沙鼓水"或"泡泉"。随着江河水位上升,高水位持续时间的增长,特别是在上部弱透水层较薄处或被人为破坏处,管涌险情就容易出现,涌水量和挟沙量相应增多,就有可能导致堤基形成渗水通道,造成堤身表面局部塌陷,如抢护不及时,严重者有决堤的危险。堤防背水侧管涌示意图如图 5-24 所示。

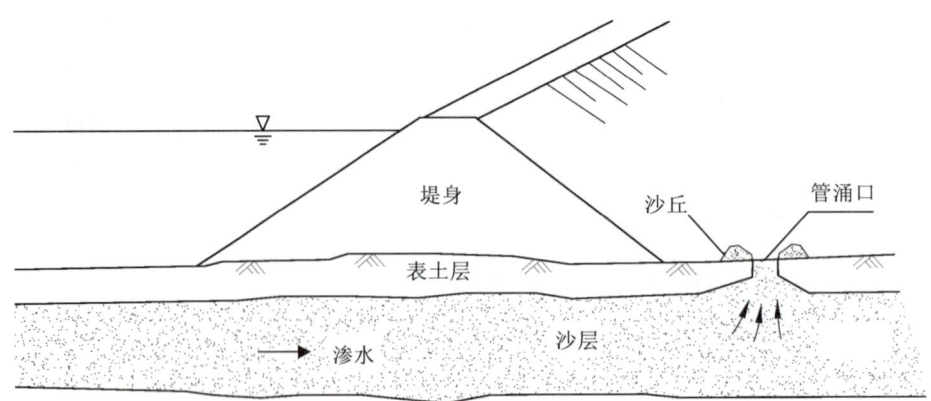

图 5-24　堤防背水侧管涌示意图

5.3.2　管涌险情的判别研究

管涌险情的严重程度一般可以从以下几个方面加以判别，即管涌口离堤脚的距离、涌水浑浊度及带沙情况、管涌口直径、涌水量、洞口扩展情况、涌水水头等。

①管涌一般发生在背水堤脚附近地面或较远的坑塘洼地。距堤脚越近，其危害性就越大。一般距堤脚 15 倍水位差范围内的管涌最危险，在此范围以外的次之。

②有的管涌点距堤脚虽远一点，但是随着管涌的不断发展，即管涌口径不断扩大，管涌流量不断增大，带出的沙越来越粗，数量不断增大。这也属于重大险情，需要及时抢护。

③有的管涌发生在农田或洼地中，多是管涌群，管涌口内有沙粒跳动，似"煮稀饭"，涌出的水多为清水，险情稳定，可加强观测，暂不处理。

④管涌发生在坑塘中，水面会出现翻花鼓泡，水中带沙、色浑，有的由于水较深，水面只看到冒泡，可潜水探摸是否有凉水涌出或在洞口是否形成沙环。由于管涌险情多数发生在坑塘中，在初期难以发现，因此在荆江大堤加固设计中曾采用填平堤背水侧 200m 范围内水塘的办法，有效地控制了管涌险情的发生。

⑤堤背水侧地面出现隆起（牛皮包、软包）、膨胀、浮动和断裂等也是产生管涌的前兆，只是当前水的压力不足以顶穿上覆土层，但随着江水位的上涨，水压力有可能顶穿上覆土层，因此对这种险情要高度重视并及时进行处理。

抢险由于其特殊性，目前都是凭有关人员的经验来进行的。为了保证险情抢护的科学性和及时性，同时让经验缺乏的专业人员或非专业人员均能较快掌握险情的识别和抢护流程，应将管涌险情的识别和抢护经验进行科学总结，设计标准的流程，确保险情发现及时、险情抢护科学有效。初步拟定管涌险情判别表见表 5-4。表 5-4 给出了管涌险情产生的位置、检查的部位及检查的内容，便于现场人员检查。

表 5-4　　　　　　　　　　　　　　管涌险情判别表

项目	内容
管涌险情示意图	(示意图：堤身、土层、沙层、砂砾层、砾卵石层、沙丘、管涌口)
检查范围	背水堤脚附近地面(50m 以内)，坑塘洼地(100m 以内)
检查内容（初步判定结论）	坑塘中水面出现"翻花鼓泡"，水中带沙、色浑(管涌)
	堤背水侧地面出水口有沙粒跳动似"煮稀饭"(管涌)
	堤背水侧地面出水口为清水(需进一步观察)
	堤背水侧地面隆起(牛皮包、软包)、膨胀、浮动和断裂等现象(管涌的前兆)
采取行动	初步判定为管涌和管涌前兆时应立即上报并采取抢护措施

5.3.3　管涌的抢护原则和抢护方法研究

管涌抢护的原则应是制止涌水带沙，而留有渗水出路。这样既可以使沙层不再被破坏，又可以降低附近渗水压力，使险情得以控制和稳定。管涌虽然是堤防溃口的极为明显和常见的原因，但对它的危险性仍存在认识不足、措施不当、麻痹疏忽、贻误时机等（如大围井抢筑不及时，或高围井倒塌）问题，都曾造成决堤灾害。

反滤围井是最常见的管涌抢护措施，在管涌口处用编织袋或麻袋装土抢筑围井，井内同步铺填反滤料，从而制止涌水带沙，以防险情的进一步扩大，当管涌口很小时，也可用无底水桶或汽油桶做围井。这种方法适用于发生在地面的单个管涌或管涌数目虽多但比较集中的情况，水深较浅时发生的水下管涌也可以采用。沙石反滤围井是抢护管涌险情的最常见型式之一。选用不同级配的反滤料，可用于不同土层的管涌抢险。

5.3.4　管涌快速抢护反滤围井技术研究

（1）反滤围井的现状及存在的问题

反滤围井主要由围井和滤层两部分组成，传统的围井采用土袋排垒而成，即在管涌口处用编织袋或麻袋装土抢筑围井，井内同步铺填反滤料，从而制止涌水带沙，以防险情进一步扩大。该方法存在黏土填料不易获取、装袋搬运费时费力、成本高、效率低等不足，且仅适用于发生在地面的单个管涌、管涌数目虽多但比较集中，以及水深较浅时的水下管涌等情况。近年来，装配式、冲水式围井大力发展，这类型式的围井相对传统围井使用范围更广。但一方面零部件较多，安装过程较为复杂，且其构建材料通常需要专门定制，安装过程涉及专门工具,需专门培训;另一方面其反滤通常仅考虑垂直方向透水,所采用的围井周边结构通常是不透水材料,如挡水围板、不透水帷幕等,这些构件需额外设置排水管或孔洞结构,导致渗水过水面积有限,无法有效排泄水并降低渗透压力。

(2)反滤围井应具备的特点研究

结合反滤围井在2020年鄱阳湖圩堤和湖北长江大堤的堤防防汛抢险应用情况,经研究得到以下认识:

①应用反滤围井技术的目的有两个:一是保护管涌出口,阻止或减缓细颗粒土料持续流失,为进一步实施险情抢护措施赢得时间;二是在保护渗流出口的同时,疏导管涌口水流排出,以消杀水势,减小周边土体扬压力。反滤围井作用机理明晰,是管涌抢险最简单有效的措施。

②反滤围井内管涌出口水流垂直向上进入反滤层,由涌出沙中较粗颗粒在反滤层的交界面形成自滤层阻止细颗粒土料流失。围井结构应起到约束水流垂直向上渗透的作用。传统土袋围井技术方法成熟,经验丰富,但是往往存在黏土填料不易获取、装袋搬运耗时耗力等不足;2020年部分圩堤实施的土袋围井侧边空隙中涌水涌沙,土颗粒流失严重。现有反滤围井技术存在抢险效率不高、实施操作不当易留下安全隐患的缺点。

③围井作为一种围护结构,给滤层提供稳定支撑,阻止边壁无防护渗水,虽然新型围井技术已经得到有效发展和应用,但是管涌险情复杂且具有不断发展的特点。有些管涌险情发生在较深的坑塘中间,对其进行蓄水反压后仍然冒水涌沙,围井修筑条件复杂。有些管涌险情发生在渠道斜坡上,围井结构自身稳定存在问题。有些围井反滤失效,进一步添加滤料将导致围井加高,威胁结构安全。堤防背水侧基坑、渊塘等的表层弱透水土层较薄甚至粉细砂层直接出露,较易出现管涌险情;一些堤防为实现围井填筑条件,首先降低坑塘内水位,在围井实施完成后再重新蓄水,操作复杂且过程中防洪能力削弱。因此,有必要发展适用范围广、能实现水下险情抢护、抢险效率高和可靠性好的围井技术。

根据反滤围井的技术现状,本次研究的围井兼具以下特点:安装简单、施工速度快;材料简易、可就地取材;具有横向透水功能,可最大限度地排泄水并降低渗透压力;易储备、可扩展性强,能够根据管涌的发展向周边扩展围井,以及处理管涌群等。

(3)新型反滤围井构筑

根据当前围井应用过程中存在的问题,本次研究基于改进围井的结构性能,朝着简易、快速、易储备、可扩展的方向发展,提出了采用钢管骨架、石笼网和反滤料构成的一种新型反滤围井装置——钢骨架石笼网反滤围井,该装置的构筑流程如图5-25所示。

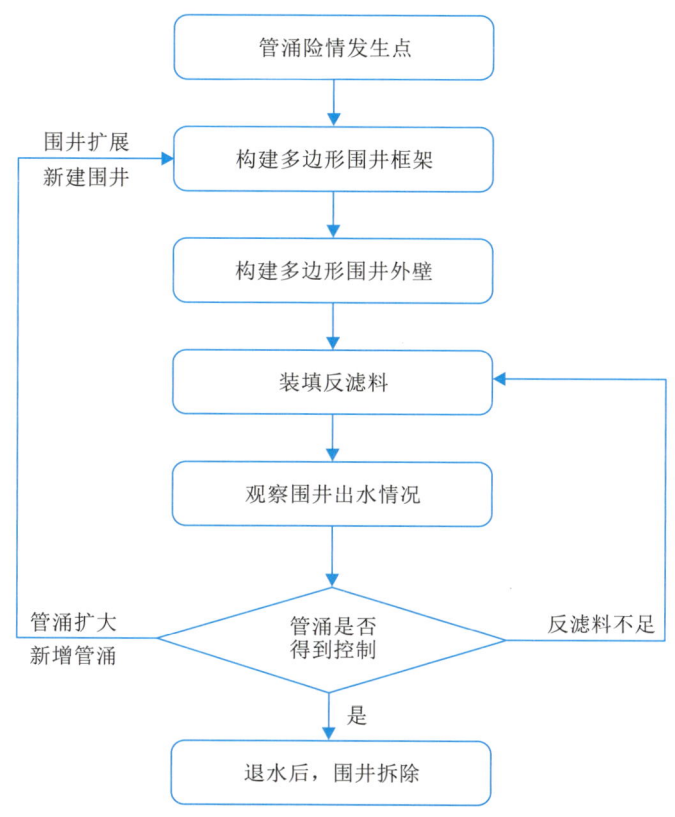

图 5-25　钢骨架石笼网反滤围井构筑流程

钢骨架石笼网反滤围井结构采用钢管作为支撑骨架,围井外壁采用多层过滤材料组成的反滤围网,围井内采用由细到粗的顺序铺填不同级配反滤料。构筑过程如下:

1)构建多边形围井框架

围井框架以出水口为中心,根据管涌口直径和出水的大小,采用相应的多边形框架。若出水口较小,可采用尺寸较小的矩形框架;若出水口较大,可采用尺寸更大的六边形或八边形乃至更多边形框架。

将4根钢管夯入地下固定好后,在两个相邻钢管底部与地面接触位置、一定高度处分别绑扎4根水平方向的横向钢管,形成六面体结构。为进一步增强框架构件的稳定性,可在4个侧面的对角位置再绑扎4根斜向钢管以形成几何不变体系。单个反滤围井示意图如图5-26所示。

2)构建多边形围井外壁

围井外壁为采用多层过滤材料组成的反滤围网,一般至少两层,其中内层网孔较小,外层网孔较大。为防止细沙流出,内网孔径应小于一般细沙粒径,围井外壁可采用不锈钢丝网作为内层,石笼网作为外层,将石笼网、不锈钢丝网依次沿框架环绕一周,采用绑扎钢丝将其固定在钢管框架上。

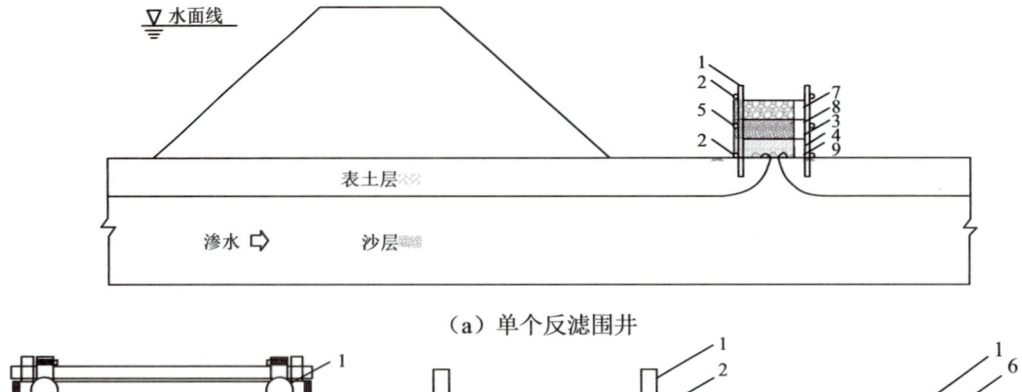

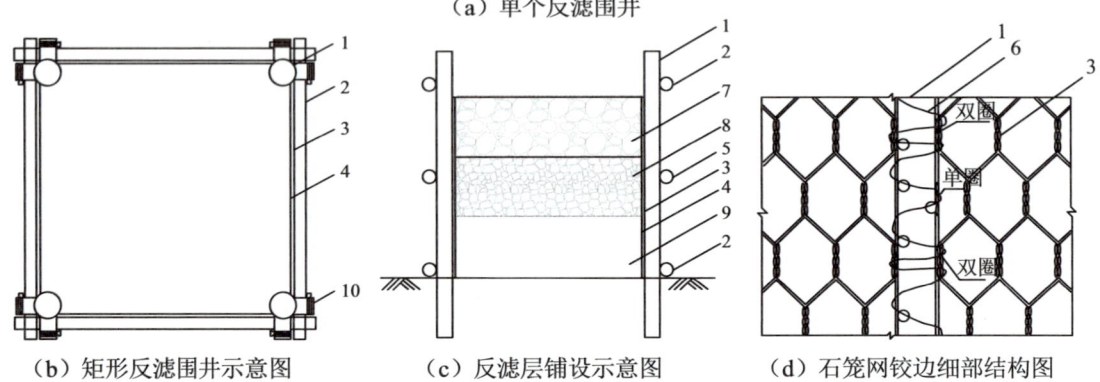

图 5-26 单个反滤围井示意图

1—竖向钢管;2—横向钢管;3—石笼网;4—不锈钢丝网;
5—斜向钢管;6—绑扎钢丝;7—卵砂;8—砾砂;9—粗砂;10—连接件

3)装填反滤料

从围井中间采用由细到粗的顺序铺填不同级配反滤料。对于管涌口不大、涌水量较小的情况,采用由细到粗的顺序铺填反滤料,即先装细料,再填过渡料,最后填粗料,每级滤料的厚度为20~30cm;对于管涌口直径和涌水量较大的情况,可先填较大的块石或碎石,以消杀水势,再按前述方法铺填反滤料,以免较细颗粒的反滤料被水流带走。反滤料铺设过程中应对反滤围网进行压边,防止细沙从空隙中流失。

4)围井的维护及扩展

观察围井底部及周边出水情况,当涌水量明显减小且水由浑变清时,险情得到控制,反之,当反滤围井滤层表面继续涌沙或反滤料下沉时,可继续添加反滤料,增加其厚度。当管涌险情扩大抑或周边出现新的管涌时,视情况可在原反滤围井的基础上进行扩展,或在其外层一圈抢筑更大的多边形透水反滤围井。反滤围井扩展如图 5-27 所示。

(4)新型反滤围井现场试验过程

1)试验材料

脚手架钢管或其他钢管,单根长度1.2~1.5m,配相应的连接件以方便固定;中粗砂、碎石料;不锈钢丝网;石笼网宽1.2m左右,网孔尺寸8cm×10cm左右。

2)围井试验模型

河滩地距离水源较近,在此处设置抽水泵。将抽水泵出水管埋设在地下0.5m左右,水管出口距表面0.15m左右,上部盖浮土(图5-28)。打开抽水泵模拟管涌出口,然后开展管涌抢险试验。

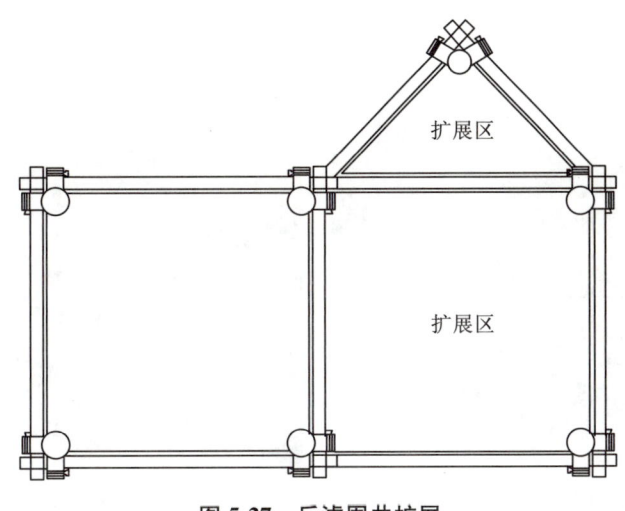

图5-27 反滤围井扩展

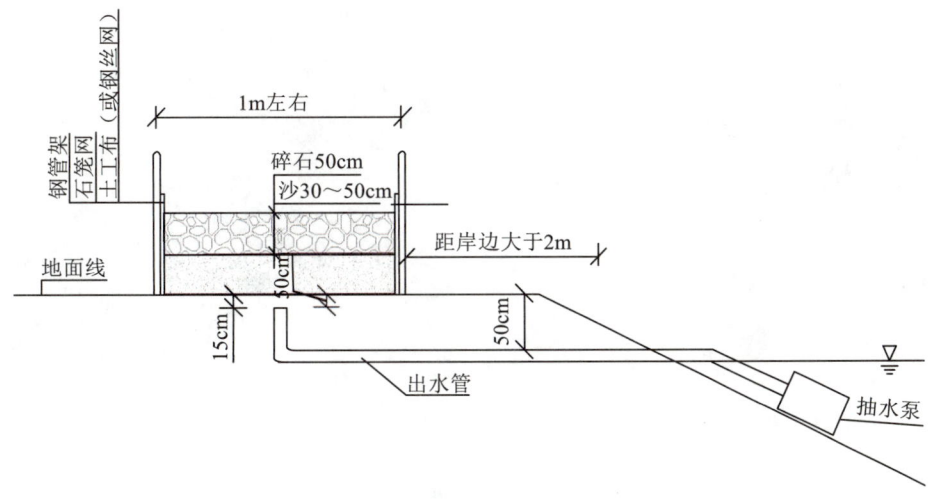

图5-28 围井试验示意图

3)反滤围井试验过程

反滤围井以出水口为中心,采用钢管搭设矩形框架,边长1.0m左右。采用钢管搭设矩形框架如图5-29所示。

采用钢丝网和石笼网形成围井外壁,由内侧向外侧依次为钢丝网、石笼网、钢管框架,采用绑扎钢丝固定。石笼网及钢丝网外壁设置过程分别如图5-30、图5-31所示。

先向围井中装填30~50cm的砂,然后再装填50cm厚的碎石。

4）反滤围井试验结论

根据反滤围井现场试验得出以下结论：反滤围井各构件体积与重量小，能就地取材，组装方便，施工简单，能够适应不同的地形条件，围井构建效率提高30%；围井反滤层设置后围井内出水清澈且围井自身透水性好（图5-32），能最大限度地排泄水并降低渗透压力，周边地基土体未出现臌胀等不良现象。

图5-29　采用钢管搭设矩形框架

图5-30　设置石笼网外壁

图5-31　设置钢丝网外壁

图5-32　装填反滤料后出水清澈、透水良好

5.4　本章小结

堤防渗漏从纵向分布上来看，在开始渗漏时，水流在土体上部的渗漏速度要大于下部，当水流在土体渗漏距离达到全部渗漏距离的1/2左右时，水流在土体下部的渗漏速度开始逐渐快于土体上部的渗漏速度。当黏土、黄沙、瓜米石3种材料质量比为1∶1∶1时，形成完整渗漏通道的时间为60min，堤防漏洞的现象模拟效果最佳。

总体来看，采用土工膜进行漏洞的封堵和土石沙袋对漏洞的封堵效果基本相当。但单一采用土石沙袋时,封堵的成本稍低。不同的沙袋填充物对堤防渗漏的封堵效果不同。总体来说,当填充物为黏土(小颗粒)时,渗漏迎水面的封堵效果最好;当填充物为黄豆等大颗粒时,封堵效果最差。当填充材料的颗粒足够小时,堤防渗漏的封堵效果在开始时有较为明显的差异,但在一定的时间后,封堵的效果基本相当。

根据管涌的产生机理、管涌的抢护原则和抢护方法,以及反滤围井的现状和存在的问题,创造性地提出了钢骨架石笼网反滤围井。该围井结构各构件体积与重量小,组装方便,施工简单,能够适应在堤防背水坡倾斜坡面的使用,应用范围广泛,同时围井形成后,可在围井外层或任意方向增设围井群,用于处理管涌险情扩大、管涌向周边发展及管涌群出现等情况。

第 6 章　结论

(1)堤防危险性智能探测技术与装备研发

针对现有堤防巡检与探测装备功能单一、传输效率低的问题,研发集成可见光相机、红外热像仪、双目立体视觉相机和激光测距仪于一体的无人机载多目成像快速巡检装备,实现了在飞行高度10m情况下,飞行速度为25km/h的精细巡检;研究可见光与红外图像快速识别与精确测量方法,可解决堤防险情隐患目标的大范围快速精准排查与预警难题。

通过研究堤坝管状、层状、裂隙等隐患的地球物理电性模型正演特征,揭示堤防不同类型险情隐患状态与时移电性参数成像间的映射关系,表明时移电法检测成果对险情隐患变化趋势具有较好的反映,为应用时移电法开展堤防险情隐患探测提供了理论前提。

针对堤防复杂结构提出了空间阵列式并行采集电法观测系统,开发了单极—偶极型测量跑极算法,研发了分布式时移电法探测装备,解决了堤防非平面结构的电法探测工作布置与高效并行采集难题;针对时间推移检测数据反演病态程度会随时间点的增加而呈级数加重的问题,提出时移电法检测数据反演模型的时—空混合正则化反演算法,能有效过滤电阻率数据中与时间不相关的噪声,从而真正应用了时间推移检测的概念,实现了堤防险情隐患精细探查与动态监测。

(2)堤防水下巡检机器人研发

基于水下机器人平台和声学、光学探测设备,研发了一套侧扫声呐进行广域险情普查、高清摄像精确详查的声光一体堤防快速巡查技术,声、光等检测技术成果可相互验证,检测成果准确、可靠、丰富、直观。

开发了一套堤防隐患快速巡查水下机器人,各项指标能够满足任务书要求和堤防快速巡检需求,机器人操控稳定性较好,可搭载声呐、喷墨示踪等装置,兼容性良好,可实现对堤防隐患的快速巡查。

(3)堤防险情及运行维护管理知识库研究

通过将湖北省内长江流域防洪工程体系中堤防、水库、泵站等基础数据信息化处理,搭建了堤防险情运行维护数据库可视化平台。收集梳理历史堤防险情基础资料,对历史堤防险情发生河段、面临的水情、工情、险情、启用的工程措施等进行提取,形成了案例基本知识点。剖析历史堤防险情案例,定性分析遇险原因,建立了堤防险情成因数据库。基于数值模拟手段,针对堤防历史险情局部堤段提出其抗滑稳定安全临界预警水位及渗流稳定安全临界预警水位,获取符合实际水情、工情的临界预警水位,建立了高效的运行维护预警机制。

堤防险情运行维护知识库设立了与数据监测相对应的处理模块,可以实现物理空间与信息空间的动态链接和实时交互。达成了堤防出险事故解决方案的快速响应,实现了堤防险情识别、处理及资源调配的全过程快速动态处理。

构建基于堤防险情运行维护数据库的险情风险可视化系统,并建立手机移动端传输端口,获取堤防历史险情处理方案;出险堤段及处理方案同步输入堤防险情运行维护知识库保持实时动态更新,提高了数据的准确性和数据传输的及时有效性,为更好地进行数据分析和预测提供科学的数据依据。

编制了《堤防防汛抢险技术手册》,介绍了堤防防汛抢险前期工作、堤防常见险情判别与抢护、抢险工程善后处理、堤防抢险实例,可有效指导堤防防汛抢险工作。

(4)堤防渗漏应急封堵新材料和新工艺研究

采用土工膜进行漏洞的封堵和土石沙袋对漏洞的封堵效果基本相当。但单一采用土石沙袋时,封堵的成本稍低。不同的沙袋填充物对堤防渗漏的封堵效果不同。总体来说,当填充物为黏土(小颗粒)时,渗漏迎水面的封堵效果最好;当填充物为黄豆等大颗粒时,封堵效果最差。当填充材料的颗粒足够小时,堤防渗漏的封堵效果在开始时有较为明显的差异,但在一定的时间后,封堵的效果基本相当。

研究了管涌的产生原因、机理及管涌险情的判别准则,进一步探讨了管涌的抢护原则和方法。在此基础上,建立了一套新型反滤围井构筑工艺。现场试验表明:反滤围井各构件体积与重量小,能就地取材,组装方便,施工简单,能够适应不同的地形条件;围井反滤层设置后围井内出水清澈,而且围井自身透水性好,能最大限度地排泄水并降低渗透压力,周边地基土体未出现臌胀等不良现象。

总体来说,本书以解决传统人工抗洪抢险工作量大、效率低等难题和提升堤防隐患排查与应急处置效率为总目标,围绕堤防危险性智能探测、堤防水下巡检机器人、堤防险情及运行维护知识库和堤防渗漏应急封堵新工艺和新材料等方面展开研究,基本实现了水上隐患监测检测实时化、水下隐患巡检机动化、出险应急决策智能化、堤防渗漏封堵高效化;研究堤防工程管涌抢险技术与装备,升级渗漏封堵材料和工艺,提高堤防渗漏破坏的快速应急处置效率及堤防渗漏处置耐久性。

参考文献

[1] 张震夏. 堤坝隐患检测的方法与仪器[J]. 大坝与安全,2004(1):1-8.

[2] 冷元宝,黄建通,张震夏,等. 堤坝隐患探测技术研究进展[J]. 地球物理学进展,2003, 18(3):370-379.

[3] 郑灿堂. 应用自然电场法检测土坝渗漏隐患的技术[J]. 地球物理学进展,2005,20(3): 854-858.

[4] 薛敏,高宽,凌燕,等. 坝体隐患快速电法测试系统实验研究[J]. 工程地球物理学报, 2015,12(6):741-744.

[5] 房纯纲,葛怀光,鲁英,等. 堤防渗漏隐患探测用瞬变电磁仪[J]. 水电与抽水蓄能, 2002,26(5):38-41.

[6] 冷元宝,朱文仲,何剑,等. 我国堤坝隐患及渗漏探测技术现状及展望[J]. 水利水电科技进展,2002(2):59-62.

[7] 何继善. 堤防渗漏管涌"流场法"探测技术[J]. 铜业工程,2000(1):5-8.

[8] 汤井田,邹声杰,袁正午,等. 流场法在水库查漏中的应用. 水利水电技术,2004,35 (2):68-69.

[9] 邹声杰. 堤坝管涌渗漏流场拟合法理论及应用研究[D]. 长沙:中南大学,2009.

[10] 白玉慧,冷爱国. 地下防渗墙快速无损检测技术研究[J]. 水运工程,2006(3):5.

[11] 陆俊,李军,臧德记,等. 综合物探法探测堤坝白蚁隐患的关键技术研究[J]. 水利水运工程学报,2015(4):16-21.

[12] 石明,冯德山,戴前伟. 综合物探方法在堤防质量检测中的应用. 地球物理学进展, 2006,21(4):1328-1331.

[13] 杜华坤,喻振华,汤井田. 高密度电阻率法用于堤坝渗漏监测的数值模拟研究[J]. 物探装备,2005(4):229-231.

[14] 万怡国,高江林,邹晨阳. 高密度电阻率法在鄱阳湖圩堤防汛抢险中的应用[J]. 人民长江,2017,48(1):51-53.

[15] 李振宇,潘玉玲,张兵,等．利用核磁共振方法研究水文地质问题及应用实例[J]．水文地质工程地质,2003,30(4):50-54．

[16] 王宏,牛兆伟,张国栋,等．地面核磁共振方法在大坝安全检测中的试验研究[J]．CT理论与应用研究,2015,24(3):367-376．

[17] 房纯纲,贾永梅,葛怀光,等．汉江遥堤电导率与土性参数相关关系试验研究[J]．水利学报,2003(6):119-123+128．

[18] 白广明,张耘菡,刘晓波,等．有渗漏隐患黏土堤坝电阻率模拟试验及分析[J]．黑龙江水利,2017(12):12-19．

[19] Rozycki A, Fonticiella J M R, Cuadra A. Detection and Evaluation of Horizontal Fractures in Earth Dams Using the Self-potential Method[J]. Engineering Geology, 2006,82(3):145-153.

[20] Johansson S, Dahlin T. Seepage Monitoring in an Earth Embankment Dam by Repeated Resistivity Measurements[J]. European Journal of Environmental & Engineering Geophysics,1996,1(3):229-247.

[21] Sjödahl P, Dahlin T, Johansson S, et al. Resistivity Monitoring for Leakage and Internal Erosion Detection at HäLlby Embankment Dam[J]. Journal of Applied Geophysics,2008,65(3):155-164.

[22] Cho I K, Yeom J Y. Crossline Resistivity Tomography for the Delineation of Anomalous Seepage Pathways in an Embankment Dam[J]. Geophysics, 2007, 72(72):31-38.

[23] Andersson P M, Linder B G, Nilsson N R. Radar System for Mapping Internal Erosion in Embankment Dams[J]. International Water Power & Dam Construction, 1991,43(7):11-16.

[24] Khan H A, Salman M, Khurshid K. Automation of Optimized Gabor Filter Parameter Selection for Road Cracks Detection[J]. International Journal of Advanced Computerence and Applications,2005,7(3):269-275.

[25] 满丌,鲍远律,马璐．一种高分辨率遥感图像中居民区道路提取方法[J]．计算机仿真,2009(3):217-219+230．

[26] 常向前,沈细中,冷元宝,等．中国堤防工程管理信息系统开发与应用[M]．北京:中国水利水电出版社,2014．

[27] 黎刚. 美国大坝数据库综述[J]. 水利水电快报,2010,31(5):32-36.

[28] Ciria,Ecology M O. The International Levee Handbook[R]. 2013.

[29] Moins I,Boggio D,Lang M,et al. SIRS Digues 2.0:A Cooperative Software for Levees Management[J]. E3S Web of Conferences,2016,7:04018.

[30] 邬爱清,吴庆华. 堤防险情演化机制与隐患快速探测及应急抢险技术装备[J]. 岩土工程学报,2022,44(7):1310-1328.

[31] Van Baars S,Van Kempen I M. The Causes and Mechanisms of Historical Dike Failures in the Netherlands[J]. E-water,2009(6):3-14.

[32] Jak M,Kok M. A Database of Historical Flood Events in the Netherlands[J]. Flood Issues in Contemporary Water Management,2000:139-146.

[33] Danka J,Zhang L M. Dike Failure Mechanisms and Breaching Parameters[J]. Journal of Geotechnical & Geoenvironmental Engineering,2015,141(9):1-9.

[34] Zech Y,Soares-Frazao S. Dam-break Flow Experiments and Real-case Data:A Database from the European IMPACT Research[J]. Journal of Hydraulic Research,2007(sup 1):5-7.

[35] Shuto N. Damage to Coastal Structures by Tsunami-induced Currents in the Past[J]. Journal of Disaster Research,2009,4(6):462-468.

[36] Mikami T,Shibayama T,Esteban M,et al. Field Survey of the 2011 Tohoku Earthquake and Tshnami in Miyagi and Fukushima Prfectures[J]. Coastal Engineering Journal,2012,54(1):1250011.1-1250011.26.

[37] Ogasawara T,Matsubayashi Y,Sakai S,et al. Characteristics of the 2011 Tohoku Earthquake and Tsunami and Its Impact on the Northern Iwate Coast[J]. Coastal Engineering Journal,2012,54(1)1250003.1-1250003.16.

[38] Kato F,Suwa Y,Watanabe K,et al. Mechanisms of Coastal Dike Failure Induced by the Great East Japan Earthquake Tsunami[J]. Coastal Engineering Proceedings,2012,1(33).

[39] Becker R,Herle S,Lehfeldt R,et al. Distributed and Sensor Based Spatial Data Infrastructure for Dike Monitoring[C]// FIG Working Week 2016,2016.

[40] 刘军旗,黄长青,吴冲龙. 长江堤防工程地质信息管理策略及实现方法[J]. 长江科学院院报,2007(4):38-41.

[41] 张瑞军,陈定方,石林,等. 基于三重模式的长江堤防信息系统的研究与实现[J]. 武汉

理工大学学报(交通科学与工程版),2007(1):27-30.

[42] 翟建军.长江重要堤防隐蔽工程勘测设计数据库系统[C]//长江护岸及堤防防渗工程论文选集,武汉:水利部长江水利委员会,2001:508-510.

[43] 胡新丽,唐辉明,李门楼,等.黄河下游堤防地质信息管理及安全评价系统(LHEGIS)开发[J].安全与环境工程,2001(3):20-23.

[44] 刘佳.黄河堤防管理信息系统研究及应用[D].北京:中国地质大学(北京),2011.

[45] 高晓军,曹世凯,富凤丽,等.珠江流域重点堤防数据库系统[C]//第二届GIS在岩土工程中的应用研讨会论文汇编,北京:北京理正软件设计研究院,2002:31-36.

[46] 张旭晴,于小平,杨国东,等.基于ArcSDE的空间基础数据库设计与实现[J].测绘与空间地理信息,2007(6):79-81.

[47] 李凤生,彭顺风,黄云,等.淮河流域基础空间数据库建设方法研究[J].水利信息化,2012(4):8-11.

[48] 齐建怀,乔健.海河流域数据库系统的设计与建立[J].海河水利,2005(6):44-46.

[49] 孙连华,吕平.安徽数字长江信息系统工程研究与建设[J].北京测绘,2017(2):97-101.

[50] 韩旭,马贵生,蒋园,等.国内外堤防工程数据库发展综述[J].人民长江,2019,50(A01):346-349.

[51] 罗登昌,韩旭,于起超,等.堤防工程数据标准化研究[J].长江科学院院报,2019,36(10):5.

[52] 李国英.建设数字孪生流域推动新阶段水利高质量发展[J].水资源开发与管理,2022,8(8):3.

[53] 饶小康,马瑞,张力,等.基于GIS+BIM+IoT数字孪生的堤防工程安全管理平台研究[J].中国农村水利水电,2022(1):1-7.

[54] 李斌,宇彤.浅谈堤防漏洞产生原因与抢护措施[J].地下水,2007(6):106-108.

[55] 荆州长江局防汛手册(2021年)[S].沙市,荆州长江局.

[56] 中华人民共和国水利部,中华人民共和国国家统计局.第一次全国水利普查公报[M].北京:中国水利水电出版社,2013.

[57] 中华人民共和国水利部,2019年全国水利发展统计公报[M].北京:中国水利水电出版社,2020.

[58] 包承纲,吴昌瑜,丁金华.中国堤防建设技术综述[J].人民长江,1999,30(10):15-16+50.

[59] 丁留谦,孙东亚. 堤防工程中几个关键研究课题[J]. 水利发展研究,2002(12):59-62.

[60] 冯源. 2020年长江中下游堤防险情特点分析与思考[J]. 人民长江,2020,51(12):31-33+51.

[61] 任海文,刘永强,闫文杰. 基于BIM技术的堤防工程运维信息管理系统设计与实现[J]. 水电能源科学,2020,38(10):5.

[62] 马祺瑞,彭兴. 抗洪抢险关键技术信息化研究构想[C]//第十二届防汛抗旱信息化论坛论文集. 2022:292-299.

[63] 邬爱清,周华敏,吴庆华. 欧美国家堤防防洪若干特点及与我国的比较[J]. 长江科学院院报,2019,36(10):11-18.